## CodeZine BOOKS

### デバイスごとにわかる
# IoTスターターのための
# 電子工作
### チャレンジブック

dotstudio 著

# 本書内容に関するお問い合わせについて

このたびは翔泳社の書籍をお買い上げいただき、誠にありがとうございます。弊社では、読者の皆様からのお問い合わせに適切に対応させていただくため、以下のガイドラインへのご協力をお願い致しております。下記項目をお読みいただき、手順に従ってお問い合わせください。

## ●ご質問される前に

弊社Webサイトの「正誤表」をご参照ください。これまでに判明した正誤や追加情報を掲載しています。

正誤表　https://www.shoeisha.co.jp/book/errata/

## ●ご質問方法

弊社Webサイトの「書籍に関するお問い合わせ」をご利用ください。

書籍に関するお問い合わせ　https://www.shoeisha.co.jp/book/qa/

インターネットをご利用でない場合は、FAXまたは郵便にて、下記"翔泳社 愛読者サービスセンター"までお問い合わせください。
電話でのご質問は、お受けしておりません。

## ●回答について

回答は、ご質問いただいた手段によってご返事申し上げます。ご質問の内容によっては、回答に数日ないしはそれ以上の期間を要する場合があります。

## ●ご質問に際してのご注意

本書の対象を越えるもの、記述個所を特定されないもの、また読者固有の環境に起因するご質問等にはお答えできませんので、予めご了承ください。

## ●郵便物送付先およびFAX番号

送付先住所　〒160-0006　東京都新宿区舟町5
FAX番号　　03-5362-3818
宛先　　　　（株）翔泳社 愛読者サービスセンター

※本書に記載されたURL等は予告なく変更される場合があります。
※本書の出版にあたっては正確な記述につとめましたが、著者や出版社などのいずれも、本書の内容に対してなんらかの保証をするものではなく、内容やサンプルに基づくいかなる運用結果に関してもいっさいの責任を負いません。
※本書に掲載されているサンプルプログラムやスクリプト、および実行結果を記した画面イメージなどは、特定の設定に基づいた環境にて再現される一例です。
※本書に記載されている会社名、製品名はそれぞれ各社の商標および登録商標です。

# はじめに

　こんにちは。菅原のびすけです。プロトタイピング専門スクールの「プロトアウトスタジオ」を運営している、dotstudio株式会社の代表をしています。dotstudioでは「モノづくりを楽しめる人を増やしたい」という想いのもと、IoTプロトタイピング領域を中心とした教育・研修事業などを展開しています。また、モノづくりの楽しさを訴求するために、テクニカルライティングなどのメディア事業も行っており、自社メディアでは、電子工作レシピ・おすすめマイコンボード・最新ガジェットの紹介などを掲載しています。

　この本は、そんなdotstudioのメンバーが、翔泳社のソフトウェア開発者向けメディアCodeZineで連載していた「IoT Starter Studio」のカットアップ版です。「IoTって何から始めたらいいか分からない…」という初心者の方でも気軽に始められるよう、ノウハウを詰め込んだ1冊になっています。「IoTや電子工作に興味があるけど、なかなか一歩踏み出せない」「普段ソフトウェアしか触っていなくて、ハードウェアはちょっと難しそう」などとハードルの高さを感じている人に読んでもらい、初めの一歩を踏み出すきっかけになればと思っています。これを読んで、みなさんもモノづくりの世界を楽しみましょう。

2019年11月

dotstudio代表 菅原のびすけ

※本書は連載執筆時（2016〜2018年）の情報に基づいております。
　あらかじめご了承ください。

# 目次

はじめに　　3

## 第1章　配線なしでセンサーを使ってみよう　　5
1.1　スマホアプリから操作できて、Groveセンサーとつなげられる
小型IoTデバイス「Wio Node」　　6
1.2　USBケーブル1本で組み込みLinuxにトライ！
「BeagleBone Green」でセンシングしてみよう　　14

## 第2章　通信に挑戦してみよう　　31
2.1　最新のWi-Fi＆Bluetooth搭載！ FRISKサイズのIoTデバイス
「Nefry BT」を始めてみよう　　32
2.2　話題のIoTプラットフォーム連携デバイスが日本上陸！
「Electric Imp」開発キットを試そう　　38
2.3　IoTプロトタイプの無線化にオススメ！ 無線通信規格ZigBeeに
対応した小型モジュール「XBee」を使ってみよう　　50
2.4　Wi-FiとBLEを搭載！ ディスプレイと拡張が容易なオプション
パーツが新感覚の「M5Stack」を使ってみよう！　　61

## 第3章　Webプログラミング言語で楽しくIoTしよう　　77
3.1　Wi-Fi拡張も簡単！ Rubyが使えるGR-CITRUSで電子工作を始めよう　　78
3.2　Wi-Fi経由のみで制御できる開発ボードが日本から発売！
「obniz」で気軽にIoTハックしてみよう　　90

## 第4章　子どもでも使えるマイコンボードで
プログラミングを学ぼう　　99
4.1　イギリスBBC発の教育向けデバイス！ 新感覚の
マイコンボード「micro:bit」でプログラミングの世界へ飛び込もう　　100
4.2　かわいい見た目で機能も充実！ Scratchで動かせる
「nekoboard2」で電子工作を楽しもう　　109

## 第5章　ウェアラブルなプロダクトを作ってみよう　　121
5.1　洋服に縫い付けられるArduino！ 「LilyPad Arduino 328」を
試してみよう　　122
5.2　半田付け不要？！縫い付けて使うArduinoで
激iLLな音で光るニット帽作ってみた！　　131

第 **1** 章

# 配線なしでセンサーを
# 使ってみよう

電子工作の最初の壁は「配線」。最近は挿すだけでセンサーを接続できるものがたくさん登場しています。直感的に楽しめるマイコンボードを使って電子工作を始めてみましょう。

# 1.1 スマホアプリから操作できて、Groveセンサーとつなげられる小型IoTデバイス「Wio Node」

　こんにちは。dotstudio株式会社[注1]で、IoTや技術系の記事を編集しているエディターの榎本麗（@uraranbon[注2]）です。ここで紹介するのは、米サンフランシスコに拠点を構える中国のメーカー「Seeed Studio」が開発した、アプリから操作できるIoTデバイス「Wio Node」です。

### Wio Nodeとは

　こちらが「Wio Node」。次の写真のように、とても小さなデバイスです。開発ボードとlittleBits（磁石で電子回路をつなげられる、電子回路を楽しく学べるおもちゃ）の中間のようなデバイスです。

## Wio Node

- 正式名称：Wio Node（うぃお のーど）
- 電源供給方法：USB給電
- バッテリー：非搭載
- 駆動電圧：3.3V
- サイズ：28mm × 28mm
- Wi-Fi：搭載
- Bluetooth：非搭載
- SoC（System On a Chip）：ESP8266

---

注1) https://dotstud.io/
注2) https://twitter.com/uraranbon

## Grove センサーをつなげるだけで電子工作が可能

通常のセンサーよりも簡単に接続できる、Grove センサーのポートが初めから搭載されています。余談ですが、実はこの「Grove 規格」を作ったのは Wio Node 開発元の「Seeed Studio」なのです。

## Wi-Fi への接続が簡単

一般的なマイコンボードをネットワークにつなぎたいときは、Wi-Fi ドングルや有線 LAN が必要になり、初心者は戸惑うことが多いです。しかし、Wio Node は ESP8266 という国内技適（技術基準適合証明）取得済みチップを搭載しており、最初から Wi-Fi に対応しています。そのため、そういったアイテムを用意しなくてもすぐに開発を始められます。

接続のためにかける手間と時間を抑えることで、開発に集中できますね。

## Android と iOS アプリから操作可能

Seeed Studio は開発専用のアプリ「Wio」を提供しています。このアプリでは、タップやドラッグ＆ドロップといった視覚的な操作が可能です。

プログラミングや半田付けなどを行わずに開発ができるため、ソフトウェアやハードウェアの専門知識がなくてもすぐにデバイスを使い始められます。

# 試してみよう

一通りの機能が分かったところで、実際に使うまでの流れを簡単に紹介します。

## 1. Wio Node 用のアプリ「Wio」のダウンロード

2016年9月現在、Wio Nodeを開発できるアプリはAndroid（4.0.3以上向け）とiOS（8.0以上向け）でリリースされています。次のリンクからダウンロードができます。

**Android – Google Play "Wio"**
　https://play.google.com/store/apps/details?id=cc.seeed.iot.ap
**iOS – Apple Store "Wio Link"** [注3]
　https://itunes.apple.com/us/app/wio-link/id1054893491?mt=8

ここではAndroid版を利用して紹介します。最初にサインアップとログインを済ませてください。

## 2. Wio Nodeとアプリの接続

まずはWio Nodeとアプリをつなぎます。Wio Nodeの黒いボタンを4秒以上長押しし、自分のWio Nodeを探知します。

---

注3）「Wio Link」は別のデバイスの名前ですが、Wio Nodeも共通して使えます。

1.1 スマホアプリから操作できて、Groveセンサーとつなげられる小型IoTデバイス「Wio Node」

　自分の Wio Node を選択すると、Wi-Fi の設定ができます。Wio Node を接続したいものはここから選ぶことができます。

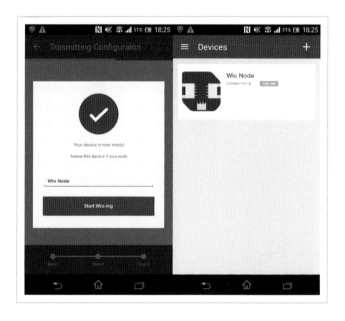

　Wi-Fi の設定が終わったら、Wio Node の識別名を付けます。これで Wio Node とアプリの接続は完了です！

9

## 3. モジュールを選択し、ファームウェアをアップデート

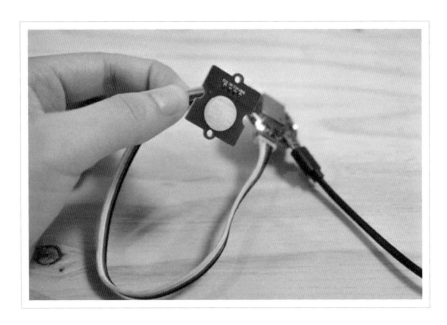

　Wio Nodeに接続するモジュールを選びます。ここでは**タッチセンサー**をつないでみました。次にアプリの画面下にある一覧からドラッグ＆ドロップで配置します。

　センサーを接続したポートと同じポートへ、アプリ上で「Analog Output」をドラッグします。そして、画面下の「Update Firmware」をタップします。ファームウェアが自動で更新されるので、終わるのを待ちましょう。

1.1 スマホアプリから操作できて、Groveセンサーとつなげられる小型IoTデバイス「Wio Node」

これで設定は完了です。

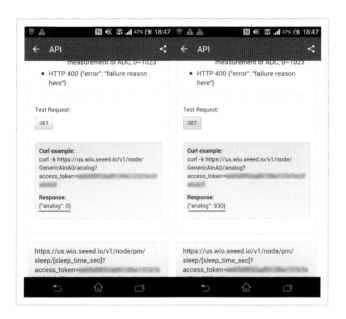

アプリ内で、実際にAPIが動くかを確認できます。タッチセンサーを触った状態で確認すると、数値が930に！ しっかりと反応していますね。

## 4. 準備完了＆ハック開始

せっかくなので、「タッチしたらツイートする」という仕組みを試してみたいと思います。Webサービス同士を連携できるサービス「IFTTT[注4]」で設定してみます。

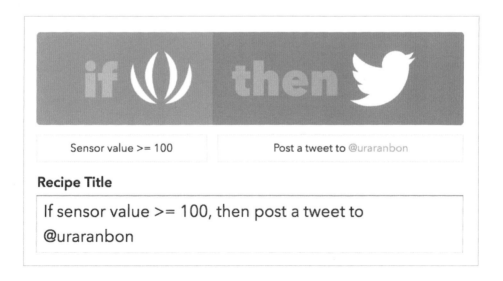

---

注4) https://ifttt.com/

11

IFTTTでは「（トリガー）をしたら（アクション）をする」ということを設定できます。ここでは、「Wio Nodeでタッチセンサーのの数値が100よりも大きくなったら、Twitterにツイートする」というものを作ってみました。

トリガーは、IFTTT上でWebサービス一覧から選べます。Seeed Studioには専用のチャンネルがあるため、これを選ぶだけでOKです。

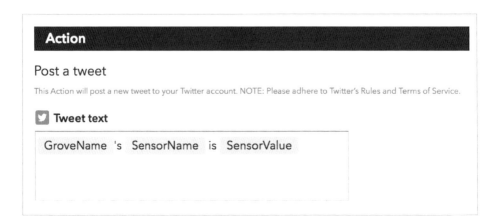

ツイート内容はIFTTTが作ったものをそのまま使っています。さっそく、センサーをタッチしてしばらく待ってみました。

連携には時間が必要で、15分ほどかかってしまったのですが、無事にツイートされました！このように、Wio NodeとIFTTTを使えば、IoTを簡単に楽しむことができるでしょう。

## おわりに

　ここではタッチセンサーを使いましたが、Wio Node とつなぐことができる Grove 規格のセンサーは数十種類ほど提供されています。光センサーや水センサー、室温度センサーといったベーシックなものもありますので、手始めに IoT に挑戦したい場合はオススメなデバイスといえるでしょう。

　アプリから IoT に挑戦できるデバイス「Wio Node」、ぜひあなたも触ってみませんか？

### Wio Node の購入はこちら

**dotstudio**

　https://dotstud.io/projects/wionode-social-remote-control/

**秋月電子通商**

　http://akizukidenshi.com/catalog/g/gM-10631/

**スイッチサイエンス**

　https://www.switch-science.com/catalog/2799/

## 1.2 USBケーブル1本で組み込みLinuxにトライ！ 「BeagleBone Green」でセンシングしてみよう

こんにちは、dotstudio[注5]でエンジニアリングを担当している、うこ（@harmoniko[注6]）です。

この書籍では、さまざまなIoT製品を紹介しています。しかし、ソフトウェアやサーバが専門のエンジニアの方々にとっては、これらのデバイスもまだ少しハードルが高く感じるのではないでしょうか。

そこで本節で紹介するのが、「BeagleBone Green[注7]」という、小型のLinuxボードです。

### BeagleBone Greenとは

BeagleBone Greenは、オープンソースハードウェアとしてbeagleboard.org[注8]により開発された「BeagleBone Black」というLinuxボードに、中国のSeeed Studio社[注9]が改良を加えたマイコンボードです。名刺サイズの小型マイコンボードながらLinuxが動作し、ディスプレイなどの外部接続機器を必要とせずに開発が始められます。

また、ボード本体にはセンサー接続のための規格である「Grove」端子が2基備えられていて、半田付けをせずにセンサー類を接続してセンシングを始めることができます。

---

## BeagleBone Green

- 正式名称：BeagleBone Green（びーぐるぼーん ぐりーん）
- CPU ： ARM Cortex-A8 1GHz
- メモリ：512MB DDR3
- 内蔵ストレージ：4GB eMMC（オンボードフラッシュ）
- 外部ストレージ：microSDカードスロット
- 電源供給方法：USB microB（通信兼用）
- Ethernet：搭載（10BASE-T ・ 100BASE-TX）
- Wi-Fi：非搭載
- 映像出力：なし
- USBポート：1基
- GPIO ：2列23ピン×2本

---

注5) https://dotstud.io/

注6) https://twitter.com/harmoniko

注7) https://beagleboard.org/green

注8) https://beagleboard.org/

注9) https://www.seeedstudio.com/

- センサー端子：Grove × 2（I2C × 1・UART × 1）
- デバッグ用シリアルポート搭載
- OS：Debian（デフォルト）・Android・Ubuntu など
- 税込価格：$44.00（Seeed Studio 公式サイト）

## USB1 本で開発を始めることができる Linux ボード

 有名な Linux ボードの 1 つに Raspberry Pi がありますが、こちらは開発にあたって、最初に SD カードに OS イメージを書き込み、HDMI 接続のディスプレイと USB 接続のキーボードおよびマウスを準備しなければいけません。

 BeagleBone Green は、USB ケーブルで PC と接続するだけで最初から SSH によるログインが可能です。OS は内蔵フラッシュに書き込まれていて SD カードも不要なため、必要な周辺機器類を大幅に減らすことができます。

 また、SD カードを原因とするクラッシュ現象が発生しないため、動作も非常に安定しています。

第1章 配線なしでセンサーを使ってみよう

## Grove端子を標準搭載

Seeed Studio社が策定したセンサー接続のための規格である「Grove」に対応した端子が2基、標準搭載されています。従来、半田付けを行ったりブレッドボードの上などに実装したりしなければ動かせなかったセンサー類が、Grove端子によってボードとセンサーを接続するだけで簡単に扱うことができます。

このGrove端子は、前節で紹介した「Wio Node」の他、「Nefry[注10]」「Nefry BT[注11]」「Waffle[注12]」「Seeeduino[注13]」にも搭載されています。これからのIoTプロトタイピング製品にも搭載されていくことでしょう。

# 試してみよう

ここではBeagleBone Greenと加速度センサーを使ってセンシングに挑戦してみます。次の4ステップで紹介します。

1. BeagleBone Greenのセットアップ
2. SSHでログインする
3. センサーを接続してスクリプトを書いてみよう
4. スクリプトを実行しよう

## 用意するもの

- BeagleBone Green
- USB microB ケーブル
- Grove 3軸加速度センサー（± 16g）[注14]（型番：SKU 101020054）

## 筆者の環境

- MacBook Pro（13-inch, 2017, Four Thunderbolt 3 Ports）
- macOS Sierra version 10.12.5
- 仮想端末（Terminal）：zsh 5.3.1 & byobu 5.116（tmux 2.5）

---

注10) https://codezine.jp/article/detail/9653

注11) https://codezine.jp/article/detail/10112

注12) https://codezine.jp/article/detail/9983

注13) https://codezine.jp/article/detail/9682

注14) https://www.seeedstudio.com/Grove-3-Axis-Digital-Accelerometer ± 16g-p-1156.html

16

## 1. BeagleBone Green のセットアップ

　まずはさっそく、何も考えずに PC と BeagleBone Green を接続してしまいましょう。筆者の環境では、PC（MacBook Pro）本体には USB-C 端子しかないため、ハブを経由して接続しています。従来の USB 端子を備えた PC であれば、そのまま PC 本体と直接接続します。

　接続してしばらく待つと、「BEAGLEBONE」と書かれた USB ドライブが認識されるので、それを開きます。

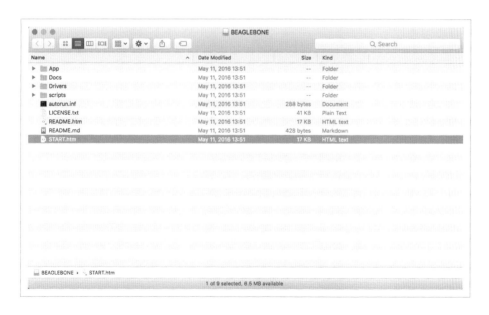

中にはいくつかファイルがありますが、「START.htm」と書かれたファイルをダブルクリックしてブラウザで開きます。

英語で書かれた「Getting Started」ページが表示されます。ここで解説されている3段階のステップのうち、「Step #1」の「接続」はクリアしました。

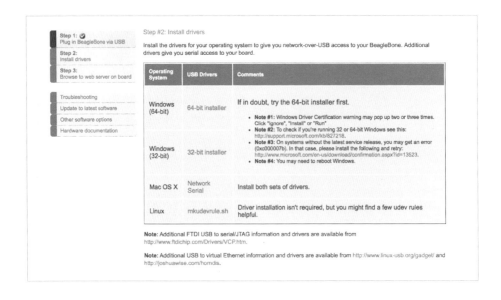

「Step #2」と書かれている項目の下に、OSとドライバの対応表があります。自身のPCのOSに対応した「USB Drivers」にあるリンクをクリックしてインストーラをダウンロードし、インストールします。

## 1.2 USBケーブル1本で組み込みLinuxにトライ！「BeagleBone Green」でセンシングしてみよう

「macOS Sierra」の場合、この表にあるドライバは古いため正常に動作しません。次のリンクからドライバをダウンロード・インストールしてください（バージョンはすべて執筆時点のものです）。

**Network ドライバ**

http://joshuawise.com/horndis で、「HoRNDIS-rel8.pkg (78985 bytes)」をクリックする

**Serial ドライバ**

http://www.ftdichip.com/Drivers/VCP.htm で、「Mac OS X 10.9 and above」の列中にある「2.4.2」をクリックする

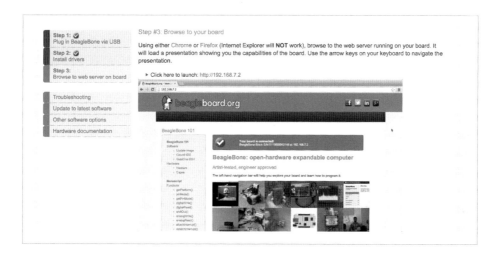

2つのファイルをインストールできたら、そのままPCを一旦再起動させてください。次に、ブラウザのURL欄に「http://192.168.7.2」と打ち込んでアクセスしてみましょう（先ほど開いた「START.htm」の「Step #3」の直下のリンクと同様です）。

第1章 配線なしでセンサーを使ってみよう

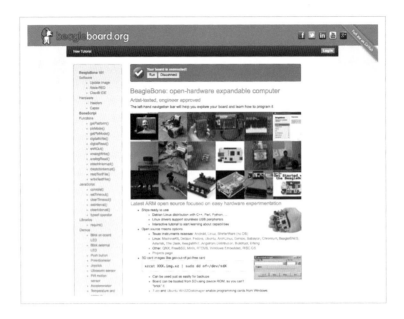

　上記のような画面が表示され、「Your board is connected!」と書かれていれば、接続は成功です。

## 2. SSHでログインする

　ブラウザでBeagleBone Greenの接続が確認できたら、macOSに標準でインストールされているTerminalを立ち上げ、「ssh root@192.168.7.2」と入力してEnterキーを押します。最初の一度だけ(yes/no)?と聞かれるので、yesと入力してEnterキーを押します。

いくつか文字列が出てきたあと、最後に「root@beaglebone:~#」という文字列が表示されればログインは成功です！

## 3. センサーを接続してスクリプトを書いてみよう

SSHログインができたら、さっそくセンサーを接続してみましょう！

ここでは、Grove端子のI2C接続の3軸加速度センサー（±16g）（型番：SKU 101020054）を使います。なお、I2C接続では、他の種類のセンサーであっても基本は同じです。ここで紹介する方法を参考にして、ぜひいろいろなセンサーを試してみてください。

第1章 配線なしでセンサーを使ってみよう

　このセンサーは「I2C」という通信規格を利用するセンサーなので、上の図の位置の「SCL・SDA・3V3・GND」という表記のあるGrove端子に接続します。
　もう一方の端子は「UART」という回路に内部的につながっていて、「シリアル通信」という通信規格を利用するものなので、ここでは利用しません。間違えないように気を付けてください。

```
root@beaglebone:~# i2cdetect -y -r 1
     0  1  2  3  4  5  6  7  8  9  a  b  c  d  e  f
00:          -- -- -- -- -- -- -- -- -- -- -- -- --
10: -- -- -- -- -- -- -- -- -- -- -- -- -- -- -- --
20: -- -- -- -- -- -- -- -- -- -- -- -- -- -- -- --
30: -- -- -- -- -- -- -- -- -- -- -- -- -- -- -- --
40: -- -- -- -- -- -- -- -- -- -- -- -- -- -- -- --
50: -- -- -- 53 UU UU UU UU -- -- -- -- -- -- -- --
60: -- -- -- -- -- -- -- -- -- -- -- -- -- -- -- --
70: -- -- -- -- -- -- -- --
root@beaglebone:~#
```

　Grove端子にセンサーを接続したら今度はPC側に戻り、Terminalで「i2cdetect -y -r 1」と入力してEnterキーを打ってみましょう。すると表のようなものが表示されます。
　この中で数値が1つだけ、「53」と表示されていることにお気付きでしょうか。これはI2Cにおける、3軸加速度センサーにアクセスするための「アドレス」です。もしも他の種類のセンサーを使っていれば、別の数値になります。

この数値はあとの「スクリプト」内で使われます。今回は確認のみですが、センサーを使ったプログラミングを行う際は、この「アドレス」を覚えておく必要があります。

センサーを接続できれば、あとは自由にスクリプトを書くことができます。ここでは公式のサンプルスクリプトをコピー＆ペーストで利用してみます。

Seeed Studio 公式 Wiki の「Grove - 3 Axis Digital Accelerometer( ± 16g)」（http://wiki.seeedstudio.com/Grove-3-Axis_Digital_Accelerometer-16g/）にアクセスし、ページ中ほどにある「With BeagleBone Green」の項目を探します。そして、その直下にある次のソースコードをコピーします。

```
import smbus
import time

bus = smbus.SMBus(1)

# ADXL345 device address
ADXL345_DEVICE = 0x53

# ADXL345 constants
EARTH_GRAVITY_MS2   = 9.80665
SCALE_MULTIPLIER    = 0.004

DATA_FORMAT         = 0x31
BW_RATE             = 0x2C
POWER_CTL           = 0x2D

BW_RATE_1600HZ      = 0x0F
BW_RATE_800HZ       = 0x0E
BW_RATE_400HZ       = 0x0D
BW_RATE_200HZ       = 0x0C
BW_RATE_100HZ       = 0x0B
```

第1章　配線なしでセンサーを使ってみよう

```python
BW_RATE_50HZ            = 0x0A
BW_RATE_25HZ            = 0x09

RANGE_2G                = 0x00
RANGE_4G                = 0x01
RANGE_8G                = 0x02
RANGE_16G               = 0x03

MEASURE                 = 0x08
AXES_DATA               = 0x32

class ADXL345:

    address = None

    def __init__(self, address = ADXL345_DEVICE):
        self.address = address
        self.setBandwidthRate(BW_RATE_100HZ)
        self.setRange(RANGE_2G)
        self.enableMeasurement()

    def enableMeasurement(self):
        bus.write_byte_data(self.address, POWER_CTL, MEASURE)

    def setBandwidthRate(self, rate_flag):
        bus.write_byte_data(self.address, BW_RATE, rate_flag)

    # set the measurement range for 10-bit readings
    def setRange(self, range_flag):
        value = bus.read_byte_data(self.address, DATA_FORMAT)

        value &= ~0x0F;
        value |= range_flag;
        value |= 0x08;

        bus.write_byte_data(self.address, DATA_FORMAT, value)

    # returns the current reading from the sensor for each axis
    #
    # parameter gforce:
    #    False (default): result is returned in m/s^2
    #    True           : result is returned in gs
    def getAxes(self, gforce = False):
        bytes = bus.read_i2c_block_data(self.address, AXES_DATA, 6)

        x = bytes[0] | (bytes[1] << 8)
        if(x & (1 << 16 - 1)):
            x = x - (1<<16)

        y = bytes[2] | (bytes[3] << 8)
        if(y & (1 << 16 - 1)):
            y = y - (1<<16)

        z = bytes[4] | (bytes[5] << 8)
        if(z & (1 << 16 - 1)):
            z = z - (1<<16)

        x = x * SCALE_MULTIPLIER
        y = y * SCALE_MULTIPLIER
        z = z * SCALE_MULTIPLIER
```

```python
        if gforce == False:
            x = x * EARTH_GRAVITY_MS2
            y = y * EARTH_GRAVITY_MS2
            z = z * EARTH_GRAVITY_MS2

        x = round(x, 4)
        y = round(y, 4)
        z = round(z, 4)

        return {"x": x, "y": y, "z": z}
if __name__ == "__main__":
    # if run directly we'll just create an instance of the class and output
    # the current readings
    adxl345 = ADXL345()

    while True:
        axes = adxl345.getAxes(True)
        print "ADXL345 on address 0x%x:" % (adxl345.address)
        print "   x = %.3fG" % ( axes['x'] )
        print "   y = %.3fG" % ( axes['y'] )
        print "   z = %.3fG" % ( axes['z'] )
        time.sleep(2)
```

　Terminalに戻り、「vim」というエディタを用いて「accelerometer.py」という名前でスクリプトファイルを保存します。「vim accelerometer.py」と入力してEnterキーを押すと、下のような画面が出てきます。

　iキーを押すと、下のほうの表示が「-- INSERT --」に変わるので、先ほどのソースコードをペーストします。

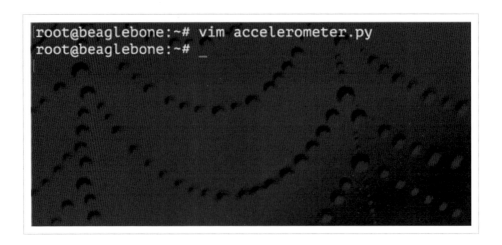

完了したらescキーを押してください。「-- INSERT --」の表示が消えたことを確認し、:wqと入力してEnterキーを押すと、スクリプトの書き込みは完了です。

## 4. スクリプトを実行しよう

スクリプトが書き込めたら、いよいよ実行です！

センサーを机の上などに置き、揺れなどを与えない状態にしてください。Terminalで「python accelerometer.py」と入力して、Enterキーを押します。

すると、上の図のように、x、y、zの値が2秒おきに次々と表示されていきます。これは、接続された3軸加速度センサーから得られた加速度の値です。揺れを与えないようにしているので、あまり値に変化がないことが分かります。

では、センサーに揺れを与えてみましょう！BeagleBone Greenが壊れないように注意しながら、センサーだけを手に持って振ってみてください。

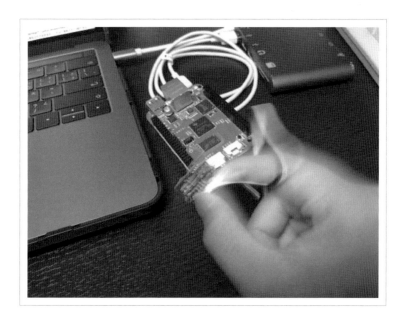

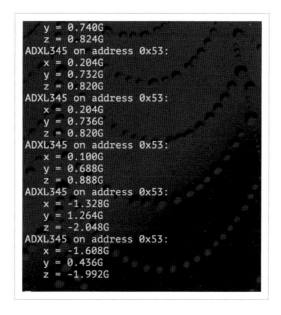

センサーを振りながらTerminalを見てみると、x、y、zの値に大きな変化があることが確認できます。うまく加速度を検知することができました！

このサンプルを応用すると、例えばBeagleBone Greenとセンサーをドアに設置しておいて、x、y、zのうちいずれかの値が±1Gを超えたら誰かが出入りしたと判断してcurlコマンドでサーバに通知を送信したり、あるいはツイートしてみたり、といったことが考えられますね。

```
        y = 1.264G
        z = -2.048G
ADXL345 on address 0x53:
        x = -1.608G
        y = 0.436G
        z = -1.992G
ADXL345 on address 0x53:
        x = 0.092G
        y = 0.564G
        z = 1.004G
ADXL345 on address 0x53:
        x = 0.092G
        y = 0.580G
        z = 0.980G
^CTraceback (most recent call last):
  File "accelerometer.py", line 105, in <module>
    time.sleep(2)
KeyboardInterrupt
root@beaglebone:~# exit
logout
Connection to 192.168.7.2 closed.
[            ] ~
%
```

センサー値の更新を止めるには、Control＋Cキーを押しましょう。最後にexitと入力してEnterキーを押すことで、BeagleBone GreenとのSSH接続を切断します。

## おわりに

USBケーブル1本でBeagleBone Greenを操作し、簡単なセンシングを行えることが分かりました。ここではGroveセンサーを利用しましたが、もちろんGPIOを使って本格的なセンサー端末を作成することも可能です。

また、今回はインターネットに接続してデータを送信することはしませんでしたが、Beagle Bone Green の Ethernet アダプタは普通の Linux マシンと同様に使用でき、上の図のように市販の無線 LAN アダプタを使用することもできます。さらに、「BeagleBone Green Wireless [注15]」という、最初から Wi-Fi に対応したモデルも販売されています。

技適にも通っていて国内での使用も問題ないので、「センサーデータを簡単にクラウドにアップしてみたい！」という Linux エンジニアの方は、ぜひ検討してみてはいかがでしょうか。

## 購入はこちら

**公式サイト**

https://www.seeedstudio.com/SeeedStudio-BeagleBone-Green-p-2504.html

---

注15) https://beagleboard.org/green-wireless

第**2**章

# 通信に挑戦してみよう

デバイスをインターネットにつなげるためには通信モジュールを使った拡張が必要です。Wi-Fi や ZigBee などさまざまな通信規格のモジュールを最初から搭載したマイコンボードを使って通信に挑戦してみましょう。

# 2.1 最新のWi-Fi＆Bluetooth搭載！ FRISKサイズのIoTデバイス「Nefry BT」を始めてみよう

こんにちは、Unirobotでロボットのソフトウェアエンジニアをやっている、わみ（@wamisnet[注1]）です。

dotstudio株式会社では私が作成しているFRISKサイズのIoTデバイス「Nefry」シリーズの販売やチュートリアル記事の執筆をしています。

Nefryシリーズは、ユーザの皆様からのフィードバックを頂き成長しています。新たなWi-Fiモジュール「ESP-WROOM-32」の発売もあり、クラウドファンディングでのサポートを受けながら、新機能と改良を加えた次世代「Nefry BT」を開発しました！

**Nefry BTのクラウドファンディングプロジェクトページ**
https://kibidango.com/513

ここでは、新しい「Nefry BT」でできることを紹介します。

## Nefry BTとは

Nefry BTはWi-FiとBLE（Bluetooth Low Energy、後述）に対応しており、Webページから Wi-Fiやモジュールの設定を行うことができます。シリーズ従来のGrove規格の端子も搭載し、半田付けや複雑なコードなしで動かすことができるため、Webエンジニアや学生など、初めてハードウェアを触る方にオススメのデバイスです。

---

## Nefry BT

- 正式名称：Nefry BT（ねふりーびーてぃ）
- 搭載IC ： ESP-WROOM-32
- バッテリー：非搭載
- 電源供給方法： USB給電
- Wi-Fi：搭載
- Bluetooth ： Bluetooth Low Energy搭載
- 予定価格：4,980円（税別）

---

注1) https://twitter.com/wamisnet

2.1 最新のWi-Fi＆Bluetooth搭載！FRISKサイズのIoTデバイス「Nefry BT」を始めてみよう

## BLEモジュール搭載

　Nefry BTはBLE（Bluetooth Low Energy、後述）モジュールを搭載しています。これまでのNefryシリーズにも搭載されていたWi-Fiでのやり取りはもちろん、はるかに低消費電力のBLEに対応したことにより通信の幅が広がりました。

## BLE（Bluetooth Low Energy）とは

　BLEは、2009年にリリースされたBluetooth4系の規格を指します。これ以前のBluetooth（クラシックBluetooth）に比べて消費電力がかなり改善されました。Wi-Fi通信よりもはるかに低消費電力で通信を実現できるため、IoTデバイスへの搭載が増えてきています。

　BLEの通信の仕組みを詳しく知りたい場合は、下記の記事を参考にしてみてください。

> **IoT技術の代表「BLE：Bluetooth Low Energy」の動作原理を理解してみよう【前編】**
> 　http://codezine.jp/article/detail/9287
> **IoT技術の代表「BLE：Bluetooth Low Energy」の動作原理を理解してみよう【後編】**
> 　http://codezine.jp/article/detail/9492

## 豊富なI/O機能

　入出力ピンの数がNefryの2倍になり、これまでは作成することができなかった高機能な作品を作成できるようになりました。新しく搭載されたIC（集積回路）によりアナログ入出力にも対応し、さらにタッチパネルとして扱えるピンなどが増えました。

## Arduino IDE でプログラミングができる

Nefry シリーズは Arduino の開発環境「Arduino IDE」から開発できます。手軽に開発を始められ、参考となるサイトや本も多いので、初心者であっても Nefry BT で開発することができるでしょう。

# 試してみよう

実際に Nefry BT を動かしてみましょう。ここでは入門として Nefry BT に付いている LED を制御してみましょう。次の3ステップで紹介します。

1. 開発環境（Arduino IDE）を整える
2. プログラムを書く
3. 試してみる

## 用意するもの

- Nefry BT

## 筆者の環境

- Nefry BT library Version 0.7.0
- Windows 10
- Arduino IDE 1.8.2

## 1. 開発環境（Arduino IDE）を整える

Nefry BT のプログラムの書き込みには Arduino IDE を使用します。公式サイト[注2]からダウンロードし、次の手順で Nefry BT 用の設定を追加してください。

Arduino IDE の「環境設定」のページから、「追加のボードマネージャの URL」に https://nefry.studio/package_nefrybt_index.json を入力して検索します。

---

注2) https://www.arduino.cc/en/Main/Software

メニューバーの［ツール］から、［ボード］→［ボードマネージャ］を選択します。選択肢に「Nefry by Nefry Community」が表示されるので、インストールします。

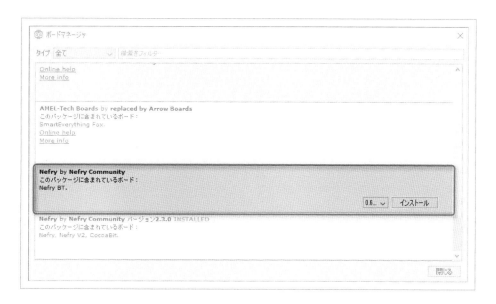

これで開発準備が整いました。

## 2. プログラムを書く

インストールができたところで、Nefry BT で動かすプログラムを作っていきます。
ここでは Nefry BT に搭載されているフルカラー LED をランダムに点灯させるプログラムを試してみましょう。

第2章 通信に挑戦してみよう

次のコードを Arduino IDE に入力します。

```cpp
#include <Nefry.h>
//フルカラーLED　ランダムに色が変わります。
void setup() {
  Nefry.setProgramName("FullColorLED");  // プログラム名を管理することができます。
  randomSeed(analogRead(A0));
}
int red,green,blue;
void loop() {
  red=random(255);                       // random関数は0-255の数値をランダムに返します。
  green=random(255);
  blue=random(255);
  Nefry.setLed(red,green,blue);          // LEDがランダムに点灯します。
  delay(1000);                           // 1秒待ちます。
}
```

このコードを Nefry BT に書き込んでいきます。

［ツール］→［ボード］から「Nefry BT」を選択します。Nefry BT と PC をつなぎ、［ツール］→［シリアルポート］で Nefry BT のシリアルポートを選択しましょう。

ボードとシリアルポートを選んだら Arduino IDE の左上にある「→」を押してプログラムを書き込みます。

「ボードへの書き込みが完了しました。」と表示されたら、Nefry BT へのプログラムの書き込みは完了です。

## 3. 試してみる

　Nefry BT の起動完了後に、LED がランダムな色で点灯するようになりました！
　Nefry BT にはリセットスイッチ以外にユーザが使えるスイッチがあります。この例の発展として、そのスイッチをきっかけに LED をランダムに点灯させるプログラムに変更してみたり、スイッチを押しているときだけ色が変わるプログラムを作成してみたりするのもよいでしょう！

## おわりに

　Nefry BT に付いているフルカラー LED を点滅させてみました。うまくできたでしょうか？ LINE や Twitter、Gmail などにメッセージを送信できるようになる「IFTTT」やリアルタイム通信が得意な「Milkcocoa」、クラウドサービス Microsoft Azure の IoT 向け機能である「Azure IoT Hub」などと連携することで、より Nefry BT の開発を楽しむことができます。

## 参考

　dotstudio にて、Nefry BT の機能をもっと試すことができる次の記事を公開しています。ぜひご覧ください！

**Nefry BT と IFTTT でスイッチを押したら LINE を送る仕組みを作ってみよう**
　　https://dotstud.io/blog/nefry-ifttt-push-line/

第2章　通信に挑戦してみよう

# 2.2　話題のIoTプラットフォーム連携デバイスが日本上陸！「Electric Imp」開発キットを試そう

　こんにちは、エンジニアのちゃんとく（@tokutoku393[注3]）です。本業ではPHPでバックエンド開発をする傍ら、テクニカルライターとしてdotstudio[注4]に参加しています。

　「IoT」というワードが流行して久しく、個人でハックを楽しむ人やIoT関連イベントが多くなってきました。現在では、ブラウザから簡単に制御できたり半田付けなしにつなげられたりと、ハードウェアの複雑な設定なしで簡単に扱えるIoTデバイスも増えてきています。

　本節ではスマートフォンからの設定でインターネット接続ができる、IoTプラットフォーム「Electric Imp」の開発キット「impExplorer Developer Kit」を紹介します。

## Electric Imp とは

　Electric Impは、IoTの開発に必要なハードウェア・ソフトウェア・インフラと管理ツールを一元提供するプラットフォームです。

> **Electric Imp 販売ページ**
> https://plusstyle.jp/shopping/item?id=219

　Electric Imp専用のWi-Fi通信モジュール搭載のハードウェア、簡単にWi-Fi設定ができるスマートフォンアプリ、Webからハードウェア・ソフトウェアの開発・実行ができるimpCloudからなる「IoT QuickStart Family」を使って、簡単にIoTプロダクトの開発を始めることができます。

　「IoT開発向けのSDカード型デバイス＆プラットフォーム「Electric Imp」を試してみよう[注5]」という記事で紹介したimp001モジュールは国内では使えませんでしたが、**新しいimp004mモジュールは技適認証済みで、待望の国内発売開始**となりました。

　ここでは開発キットの1つ、「impExplorer Developer Kit」を紹介します。

> **Electric Imp 公式サイト（英語）**
> https://electricimp.com/

---

注3) https://twitter.com/tokutoku393

注4) https://dotstud.io

注5) https://codezine.jp/article/detail/9850

## impExplorer Developer Kit

- 正式名称：impExplorer Developer Kit（いんぷえくすぷろーら でぃべろっぱーきっと）
- 電源供給方法：USB miniB または単三電池3本
- Wi-Fi：impModule（imp004m）搭載
- Bluetooth：非搭載
- 税込価格：7,980円

Electric Imp は「電気の小鬼」という意味で、ロゴマークも小鬼になっています。

## Wi-Fiセットアップに使うのはスマートフォンアプリだけ

Electric Imp は「IoT 製品開発向け」と打ち出しており、ハードウェアは Wi-Fi（または Ethernet）でインターネットにつながることが前提になっています。プログラムに手を加える必要はなく、スマートフォンアプリを使って30秒程度でWi-Fiセットアップを完了することができます。

第2章 通信に挑戦してみよう

## impCloudでサーバサイド・ハードウェアの一元開発

インフラと管理ツールを提供するimpCloudでは、デバイス管理ツールに加えてWeb統合開発環境（IDE）が用意されており、Agent（クラウド側）とDevice（デバイス側）をSquirrel[注6]（スクワール）という言語で一元開発できます。

Agentの仕組みを使えばWebサーバを自分で用意する必要がないので、手軽にWeb連携を試すことができます。

## 単三電池でスタンドアロンに稼動

impExplorer Developer Kitは電池ボックスが搭載されており、初めから電池駆動で動かすことができます。場所を選ばず、Wi-Fiさえあればインターネットにつながるので、IoT製品のプロトタイプ制作にはかなりオススメです。

# 試してみよう

実際にImpExplorer Developer Kitでの開発を試してみましょう。次の流れで説明します。

1. アカウントを登録する
2. デバイスのセットアップ
3. IDEにデバイスを紐付ける
4. Lチカを試してみよう
5. WebからLチカを試してみよう

## 用意するもの

- impExplorer Developer Kit
- 単三電池3本またはUSB miniB
- iOSまたはAndroid端末

## 筆者の環境

- iPhone 6S（iOS 10.3.1）

Electric ImpはWeb IDEで開発がほぼ完結するため、PC環境などには依存しません（ただし、最新ブラウザの使用が推奨されています）。よって筆者の環境は省略します。

## 1. アカウントを登録する

まずはElectic Imp公式サイト[注7]からアカウントを作成します。「Sign Up」のフォームにアドレスを入力しましょう。

---

注6) https://ja.wikipedia.org/wiki/Squirrel

注7) https://ide.electricimp.com/login

メール認証をしてアカウントを作成し、Sign inすると「Getting Started Guide」にImp Explorer Developer Kit（以下デバイスと呼ぶ）のセットアップ手順が表示されます。

## 2. デバイスのセットアップ

まずはElectric Imp のスマートフォンアプリをインストールしましょう。

**iOS アプリ**

https://itunes.apple.com/jp/app/electric-imp/id547133856?mt=8

**Android アプリ**

https://play.google.com/store/apps/details?id=com.electricimp.electricimp&hl=ja

ここではiPhoneを使って手順を説明します。

App Storeから「Electric Imp」を検索してインストールします。

アプリを開いたら、先ほど登録したアカウントでログインします。

最初の画面でセットアップ方法が表示されます。「CONFIGURE A DEVICE」をタップしてセットアップを始めましょう。

第2章 通信に挑戦してみよう

ネットワークの接続方法が表示されるので「Wireless」を選択します。
接続するWi-FiのSSIDとパスワードを入力しましょう。
「POWER UP」という画面になるので、デバイスに給電を開始します。
USB miniBまたは単三電池3本で給電しましょう。

アプリでは「NEXT」をタップすると「BLINKUP」という画面になります。

「START BLINKUP」をタップするとカウントダウンが始まるので、次の画像のようにカウントダウン中にスマートフォンの画面をデバイスに向けます。カウントダウン後は画面から強い光が出るので直視しないようにしてください。

光を使って連携するため、明かりの強い場所では失敗することがあるようです。

接続が完了するとスマートフォンのライトが一度光り、しばらく待つと「DEVICE IS CONNECTED」という画面になります。デバイスの識別子として「Device ID」が表示されるので確認しましょう。

デバイスのLEDは緑に点灯します。

## 3. IDEにデバイスを紐付ける

　ここまでできたら、Webの管理画面に戻ってデバイスを紐付けします。「Create a new model」をクリックしましょう。

　「Unassigned Devices」に先ほどのDevice IDが表示されているはずです。モデルに名前を付け、デバイスをチェックしてモデルを作成します。

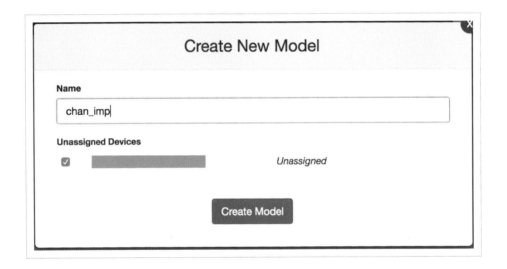

　IDEが表示されて、開発を始められるようになりました。

2.2 話題のIoTプラットフォーム連携デバイスが日本上陸！「Electric Imp」開発キットを試そう

## 4. Lチカを試してみよう

デバイスがインターネットにつながり、Webから開発ができるようになりました。さっそくLチカを試してみましょう。LチカとはLEDをチカチカ点灯させることで、最初のプログラムとしてサッと試すためによく使われます。

先ほどの開発画面を閉じてしまっていた場合は、デバイス一覧のACTIONSから「Code」を選択します。

公式サイトのサンプルコード[注8]を参考に、次のコードを「Device」のタブに入力します。

```
// Import Electric Imp's WS2812 library
#require "WS2812.class.nut:3.0.0"

// Set up global variables
```

---

注8) http://pages.switch-science.com/electricimp/helloworld.html

```
spi <- null;
led <- null;
state <- false;

// Define the loop flash function
function flash() {
    state = !state;
    local color = state ? [0,0,255] : [0,0,0];
    led.set(0, color).draw();
    imp.wakeup(1.0, flash);
}

// Set up the SPI bus the RGB LED connects to
spi = hardware.spiAHSR;
spi.configure(MSB_FIRST, 6000);

// Set up the RGB LED
led = WS2812(spi, 1);
hardware.pinH.configure(DIGITAL_OUT, 1);

// Start the flash loop
flash();
```

　`local color = state ? [0,0,255] : [0,0,0];` の部分でLEDの色をセットし、`imp.wakeup()` の部分で1秒ごとに光る命令をしています。

　「Build and Run」をクリックし実行してみましょう。なお、「Check」をクリックするとコードの文法をチェックしてくれます。

　青色のLEDが1秒ごとに光ります。

## 5. Web から L チカを試してみよう

Electric Imp では、Agent を使って簡単にデバイスの遠隔制御を行うことができます。公式サイト[注9]の図のように、ブラウザからデバイスの LED をオンオフできるようにしてみましょう。

IDE 上で、「Device」のタブには次のコードを入力します。

```
// Import Electric Imp's WS2812 library
#require "WS2812.class.nut:3.0.0"

// Set up global variables
spi <- null;
led <- null;

// Define the loop flash function
function setLedState(state) {
    local color = state ? [255,0,0] : [0,0,0];
    led.set(0, color).draw();
}

// Set up the SPI bus the RGB LED connects to
spi = hardware.spiAHSR;
spi.configure(MSB_FIRST, 6000);

// Set up the RGB LED
led = WS2812(spi, 1);
hardware.pinH.configure(DIGITAL_OUT, 1);

// Register a handler function for incoming "set.led" messages from the
agent
agent.on("set.led", setLedState);
```

「Agent」側には次のコードを入力します。

```
// Log the URLs we need
server.log("Turn LED On: " + http.agenturl() + "?led=1");
```

---

注9) http://pages.switch-science.com/electricimp/agents.html

```
server.log("Turn LED Off: " + http.agenturl() + "?led=0");

function requestHandler(request, response) {
    try {
        // Check if the user sent led as a query parameter
        if ("led" in request.query) {
            // If they did, and led = 1 or 0, set our variable to 1
            if (request.query.led == "1" || request.query.led == "0") {
                // Convert the led query parameter to a Boolean
                local ledState = (request.query.led == "0") ? false : true;

                // Send "set.led" message to device, and send ledState as the data
                device.send("set.led", ledState);
            }
        }

        // Send a response back to the browser saying everything was OK.
        response.send(200, "OK");
    } catch (ex) {
        response.send(500, "Internal Server Error: " + ex);
    }
}

// Register the HTTP handler to begin watching for HTTP requests from your browser
http.onrequest(requestHandler);
```

「Build and Run」で実行すると、ログの部分に LED をオンオフする URL が表示されます。

「Turn LED On:」に続く〜?led=1 の URL にアクセスすると LED が点灯し、「Turn LED Off:」に続く〜?led=0 という URL にアクセスすると LED が消灯するようになります。

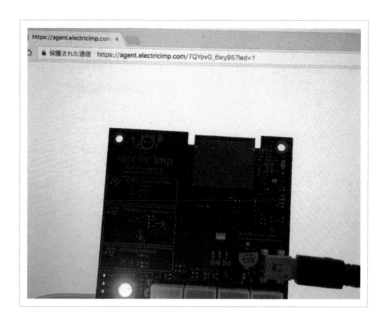

　現在はデバイスの近くで実行しているのであまり実感がありませんが、このURLを使えばどこからでもデバイスの**LEDを制御**することができます。

## おわりに

　ImpExplorer Developer Kitを使って、Webからのデバイス制御をかなり簡単に試すことができました。温度、湿度、気圧、3軸加速度の4つのセンサーや、挿すだけで使えるGroveセンサーのコネクタも搭載されており、センシングや取得したデータのWeb連携も容易に行うことができます。

　通常の開発ではハードルの高いWi-Fi接続や開発環境の用意、モジュール拡張などが、Electric Impを使うと一挙に解決することができるため、IoTプロダクト開発にはかなりオススメのデバイスです。

　Imp API Reference[注10]やSquirrel Language Reference[注11]、Code Libraries[注12]の開発ツール群などを参考にすればさまざまなWebサービスとの連携なども実現できるので、ぜひ試してみてください。

### 購入はこちら

**+style**
https://plusstyle.jp/shopping/item?id=219

---

注10) https://electricimp.com/docs/api/
注11) http://pages.switch-science.com/electricimp/index.html
注12) https://electricimp.com/docs/libraries/

第2章　通信に挑戦してみよう

# 2.3　IoTプロトタイプの無線化にオススメ！無線通信規格ZigBeeに対応した小型モジュール「XBee」を使ってみよう

　こんにちは、dotstudio 株式会社[注13]でエンジニアリングを担当している、うこ（@harmoniko[注14]）です。

　IoT は「あらゆるモノがインターネットにつながる」という意味のワードですが、もしもほとんどのモノが有線でインターネットにつながるようになったら、ケーブルだらけで大変なことになりそうですよね。できることなら無線を使いたいですが、無線通信をどのように始めたらよいのか分からない、というエンジニアの方は少なくないと思います。

　そこで本節では、「XBee（エックスビー）」という無線用の小型モジュールを紹介します。「ZigBee（ジグビー）」規格を用いて無線通信を行えるモジュールです。

## XBee とは

　XBee は、ZigBee 規格に対応した無線モジュールの1つで、米国 Digi International 社の製品です。日本で利用できる技適取得済み製品は、Wi-Fi や Bluetooth と同じ 2.4GHz の電波帯を利用するモデルのみとなっています。モジュールに関する設定はすべて PC の専用ソフトウェア上から行うことができ、無線通信の初心者でも比較的簡単に取り扱えます。もちろん、電波法に関する免許などを使用者が気にする必要はありません。

　XBee にもバージョンやアンテナ形状によっていろいろ種類がありますが、ここで使うのは「Pro ZB」の「ワイヤーホイップアンテナ」タイプ。個人的には最も使いやすいモデルです。仕様は次の通りです。

---

## XBee

- 正式名称： XBee-Pro ZB（S2B）
- サイズ： 33mm × 25mm
- 電源電圧： 2.7〜3.6V
- 電波帯： 2.4GHz
- 通信速度： 250kbps
- 屋内通信距離（最大）： 60m
- 屋外見通し通信距離（最大）： 1.5km
- シリアル通信： 3.3V LVCMOS
- デジタル入出力： 10 ピン

---

注13) https://dotstud.io/

注14) https://twitter.com/harmoniko

- アナログ入力：4 ピン（10 ビット ADC）
- 暗号化：128 ビット AES

500 円玉よりもわずかに大きいものですが、なんと暗号化までサポートしているんです。何台もつなげるメッシュネットワークの構築には少しだけコツが必要ですが、2 台でデータを送受信する、いわゆる P2P 通信はすぐに試すことができます。

## ZigBee について

ZigBee は近距離無線通信規格の 1 つで、「Wi-Fi」や「Bluetooth」のような「規格名称」です。物理層・データリンク層は IEEE 802.15.4 に準拠しており、それより上の層は ZigBee アライアンスによって策定されています。通信速度はあまり速くはないものの消費電力が非常に低く、数百台を超える ZigBee ノードを抱える大規模ネットワークの構築に適しています。

## Wi-Fi や Bluetooth と比較した利点

同じ 2.4GHz の電波帯を利用する規格としては Wi-Fi や Bluetooth があり、こちらのほうが既製品に多く採用され普及しています。では ZigBee を使うことのメリットはというと、次の点が挙げられます。

- 消費電力がとても低い
    - スリープ時の待機電力は Bluetooth より低い
    - スリープ時とデータ送信時の切り替えに要する時間は数 10 ミリ秒
    - スリープをうまく活用すればボタン電池で半年以上稼働させることも可能

- 大規模なネットワークを構築することができる
  - 最大 65535 ノードが参加するメッシュネットワークを作成可能
  - ネットワークトポロジーは自由に設計できる

特に、複数台の機器と同時接続してデータを送受信するというのは、他の無線規格ではかなり難しいですが、ZigBee ならすぐにできてしまいます。例えば、大量の小型機器をまとめて管理・制御したいといったときに絶大な力を発揮します。

それではさっそく、XBee での無線通信に挑戦していきましょう。

# 試してみよう

それではさっそく、XBee による無線通信にチャレンジしてみたいと思います。必要なハードウェアは次の通りです。XBee 関係の製品は、国内だと秋月電子通商や千石電商、スイッチサイエンスなどで購入が可能です。

次の流れで説明します。

1. ソフトウェアの準備
2. XBee の接続
3. XBee を設定しよう
4. 通信してみよう

## 用意するもの

- USB ポートが 2 つ以上ある PC（Windows・Mac OS X・Linux いずれでも可）
- XBee-Pro ZB（S2B）× 2
- XBee エクスプローラ（USB ドングル）× 2

## 筆者の環境

筆者は PC として MacBook Air（11-inch, Early 2014）を使用しました。OS は El Capitan（Version 10.11.6）です。

また、XBee エクスプローラは XBee を挿し込める基板です。ここで紹介する例では USB 端子により PC と接続が可能な https://www.sparkfun.com/products/11812 のようなドングルが必須です。XBee を扱っている業者であれば、だいたいどこでも入手できます。

## 1. ソフトウェアの準備

ここでは Mac OS X の場合について解説します。Windows の場合についても、インストーラ形式になっているためあまり迷うことはないでしょう。

### ダウンロード

はじめに、XCTU という XBee 設定・管理ソフトウェアをインストールします。公式サイトのソフトウェアに関するページ（https://www.digi.com/support/productdetail?pid=3352）にある

「Diagnostics, Utilities and MIBs」をクリックし、「DOWNLOAD XCTU」の項目から、お使いのPCに合ったリンクをクリックしてください。

ページ下部の「SUBMIT」か「No thanks, ...」をクリックするとzipファイルがダウンロードされます。

### インストール

zipファイルを展開するとインストーラが得られます。起動してウィザードに沿って進めていき、最後の画面でXCTUを起動にチェックを入れた状態で終了すると、アプリケーションが立ち上がります。

## 2. XBeeの接続

XCTUが起動したら、まず図のようにXBeeをドングルにセットし、USBケーブルでPCに接続します。

次に、XCTUの起動直後の画面の左上にある、+を含むアイコンをクリックします。すると、「Add radio device」というウインドウが出てきます。上部にある「Select the Serial/USB port:」を選択し、「usbserial〜」（〜は不定値）となっている項目を選択し、一番下の「Finish」ボタンをクリックします。

第2章 通信に挑戦してみよう

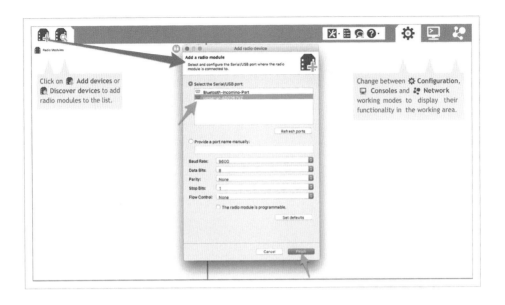

　するとウィンドウが閉じて、初期画面の左カラムにXBeeが1つ追加されます。完了したら、もう1つのXBeeも接続して同様に追加しましょう。対応するUSBポートが分からない場合は、XBee以外のUSB機器を一旦外してから「Refresh port」ボタンをクリックします。「Bluetooth-Incoming-Port」の下に、XBeeが接続されているポートが表示されます。

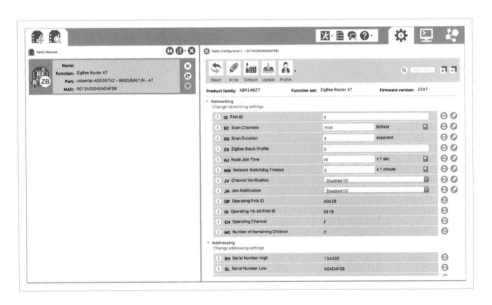

　2つのXBeeの接続が完了すると、次のような表示になります。

54

2.3 IoTプロトタイプの無線化にオススメ！ 無線通信規格ZigBeeに対応した小型モジュール「XBee」を使ってみよう

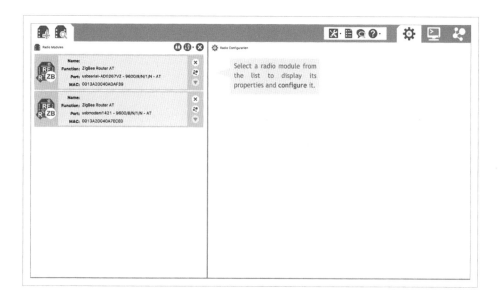

## 3. XBee を設定しよう

### 役割を決める

　新しく追加された XBee は、初期状態であれば「Function」の項目が「ZigBee Router AT」となっています。XBee 同士が相互に通信するためには、ここが「Coordinator」となっている XBee がネットワーク内に必ず1つだけ必要なので、片方をこの設定に変えます。カラムにある2つの XBee のうち1つ（どちらでもよいです）を選択すると、情報が読み出されて右カラムに表示されます。右カラム上部の「Update」ボタンをクリックしましょう。

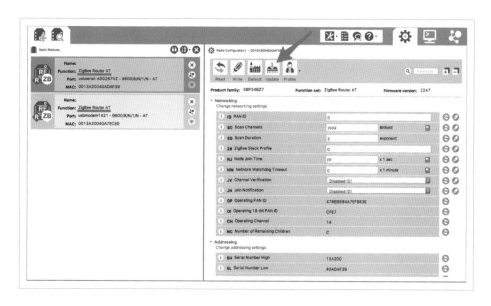

「Update firmware」ウインドウが出てくるので、次の図のように左から「XBP24BZ7」、「ZigBee Coordinator AT」、そして最後の項目（Firmware version）は、リストの一番上に表示されているもの（最新版）を選択して「Update」をクリックします。

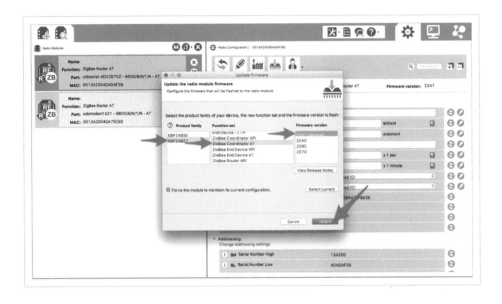

## ネットワークの設定

次に、先ほど設定した「Coordinator」のXBeeをクリックします。このXBeeの「Function」の値が「ZigBee Coordinator AT」となっていることを確認しておきましょう。右カラムにたくさん項目が出てきますが、ここで次の3つの操作を行います。

- 「Networking」内の「ID PAN ID」の値を「1」に書き換え
- 「Addressing」内の「DH Destination Address High」の値を「13A200」に書き換え
- 「Addressing」内の「DL Destination Address Low」の値を、「ZigBee Router AT」となっているXBeeのMACアドレス値の下位32ビット（ここでは「40A7ECE0」）に書き換え

以上が完了したら、上部にある「Write」と書かれた鉛筆のマークをクリックすると、XBee本体に変更した設定が書き込まれます。

2.3 IoTプロトタイプの無線化にオススメ！ 無線通信規格ZigBeeに対応した小型モジュール「XBee」を使ってみよう

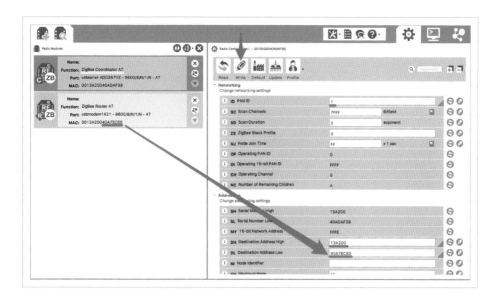

　さらに、もう1つの「ZigBee Router AT」となっているXBeeも同様に設定を行います。「Addressing」内の「DL Destination Address Low」の値は、今度は「ZigBee Coordinator AT」のXBeeのMACアドレス値の下位32ビット（ここでは「40ADAF39」）に書き換えます。終わったら、鉛筆マークをクリックしてXBee本体に書き込みましょう。

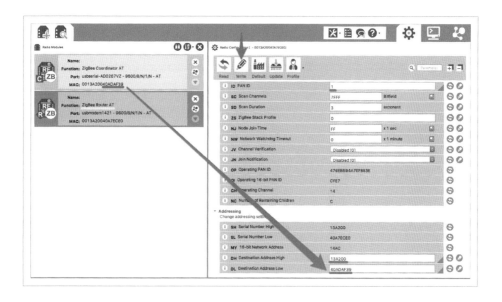

　以上で設定は完了です。

## 4. 通信してみよう

　それではこれら2つのXBeeで通信をしてみましょう。XCTUの右上にあるタブのうち、真ん中の「Console」をクリックします。左カラムにあるXBeeのうち、どちらでもよいのでクリック

して選択状態にしたあと、右カラム上部の「Detach」をクリックしてコンソール画面を分離させます。そのまま、もう片方の XBee も選択状態にして「Detach」をクリックし、それぞれの XBee のコンソールウインドウが並ぶように調節します。

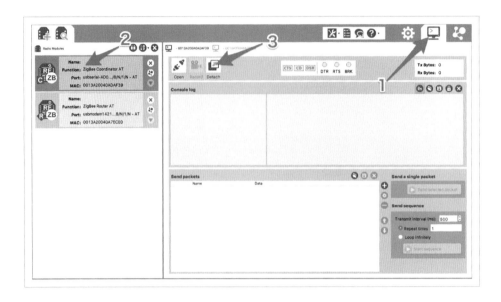

次の図のようになったら、それぞれのウインドウにある「Open」ボタンを両方ともクリックします。

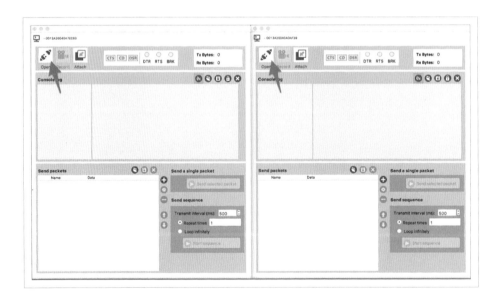

どちらか好きなほうのウインドウの「Console log」の下に、適当な文字を打ち込んでみましょう。

## 2.3 IoTプロトタイプの無線化にオススメ！無線通信規格ZigBeeに対応した小型モジュール「XBee」を使ってみよう

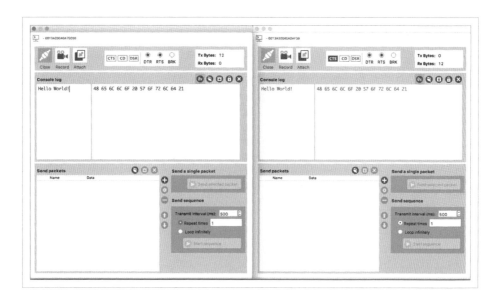

　左側のウインドウに"Hello World!"と打ち込んでみると、右側のウインドウにも同じメッセージが表示されました。これは、左側のXBeeに送信した文字列が、無線で右側のXBeeに転送されていることを意味します。ここで左右交互に文字列を打ち込んでみましょう。

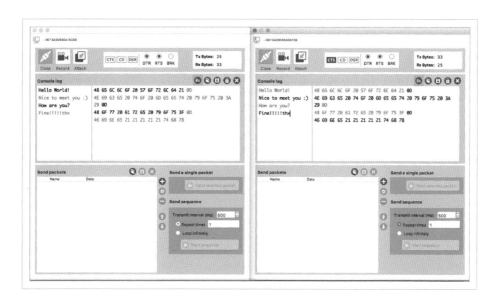

　濃い文字は送信したデータ、薄い文字は受信したデータを示しています。ご覧の通り、相互にメッセージを送りあうことができました。これらは1つのPC上で行っているため実感が湧きにくいですが、実際にXBee同士が無線通信でやり取りした結果が現れています。
　もしPCを2台お持ちであれば、それぞれにXCTUをインストールし、XBeeを接続して同様に通信してみてください。設定が正しければ、それぞれのPC間で文字列の送受信をすることが

できます。これを活用すれば、P2Pで通信する「特定小電力のポケベル」のようなものを作ることも可能です。

## おわりに

　今回のXBeeでの無線通信は、送信側XBeeのUARTに流し込んだデータを受信側XBeeでそのまま受け取る「ATモード」というものを利用しました。これを使いこなせるだけでも、例えばArduinoとPCをつないで通信していたUSBケーブルが不要になります。

　さらに、設定項目や必要な知識は増えますが、「APIモード」を利用すれば数万ノードもの大規模なメッシュネットワークを構築したり、XBeeに直接センサーを接続してデータをリモートで取得したりといったことが可能になります。

　興味があれば、XBeeで無線化されたIoTプロトタイプの製作にもぜひ挑戦してみてください！

### 購入はこちら

**秋月電子通商**
　　http://akizukidenshi.com/catalog/goods/search.aspx?search=x&keyword=xbee&image=%8C%9F%8D%F50

**千石電商**
　　http://www.sengoku.co.jp/mod/sgk_cart/search.php?multi=xbee&cond8=and

**スイッチサイエンス**
　　https://www.switch-science.com/catalog/list/7/

# 2.4 Wi-FiとBLEを搭載！ ディスプレイと拡張が容易なオプションパーツが新感覚の「M5Stack」を使ってみよう！

　こんにちは、dotstudio株式会社[注15]でインターンをしている、宇宙エンジニアのたくろーどん（@takudooon[注16]）です。

　最近、インターネットとモノをつなぐ「IoT」が流行してきています。また、さまざまなIoTに特化したプラットフォームや開発ボードが登場し、個人がデバイスを製作できる環境が整ってきました。

　本節では、Wi-FiとBLEを搭載し、さらにディスプレイ付きで拡張も簡単な、最近話題の「M5Stack[注17]」という開発ボードを紹介します。

## M5Stack Basic とは

　IoT界隈では、Wi-FiとBLE（Bluetooth Low Energy）を搭載したESP32[注18]というモジュールの存在感が増しており、これを使った開発ボードが増えています。ここで紹介するM5StackもESP32を搭載した開発ボードの1つです。

　メインボードと周辺機器がセットになった「M5Stack Basic」というキットを購入すると、画像の左のようなお洒落なケースにメインボードとUSB Type-Cケーブル、オス−メスのジャンパ線、説明書とステッカーが入っています。

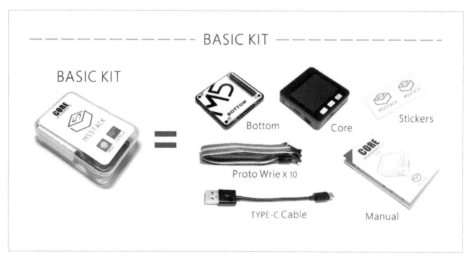

● M5Stack Basic（出典：スイッチサイエンス販売ページ）

---

注15) https://dotstud.io/
注16) https://twitter.com/takudooon
注17) http://m5stack.com/
注18) http://esp32.net/

## M5Stack

- 正式名称：M5Stack（えむふぁいぶすたっく／えむごすたっく）
- 内蔵電池：3.7V ／ 150mAh
- 給電方法：USB Type-C
- Wi-Fi：搭載
- Bluetooth：BLE 搭載
- ディスプレイ：320 × 240 カラー TFT LCD
- 内蔵スピーカ：1W
- 寸法：54 × 54 × 17 mm
- 税込価格：4,490 円

2.4 Wi-FiとBLEを搭載！ディスプレイと拡張が容易なオプションパーツが新感覚の「M5Stack」を使ってみよう！

## Wi-FiとBLEを標準搭載

先ほど述べたように、Wi-FiとBLE（2.1節参照）を搭載したESP32というモジュールが使われているため、プログラム内でSSIDやパスワードの設定などを書けば、複雑な配線や難しい設定なしに簡単に使うことができます。

## ディスプレイ搭載

M5Stackには、「320 × 240 TFT カラーディスプレイ」が標準で搭載されています。

ディスプレイがあると、例えばセンサーで取得したデータ（温度や湿度など）を簡単に可視化でき、ものづくりの表現の幅を広げることができます。

### 重ねるだけのオプションパーツが自由自在

M5Stack のメインモジュールは、ESP32 や microSD カードスロット、ボタン、USB Type-C や Grove のコネクタを搭載し、ディスプレイや電源まで 1 つのケースに詰め込まれています。

さらに、センサーなどが搭載されたオプションパーツの拡張基板をメインモジュールに積み重ねることで、さまざまな機能を持たせることができます。

● メインモジュールと拡張基板の例（出典：M5Stack 公式サイト）

## M5Stack を使ってみよう

では、実際に M5Stack を動かしてみましょう。まずは M5Stack の環境を構築します。

1. Arduino IDE に M5Stack の開発環境構築
2. L チカにチャレンジ
3. BLE を使ってみよう

### 用意するもの

- M5Stack Basic
- LED（3mm）2 つ

### 筆者の環境

- PC ： HP Spectre x360
- OS ： Windows 10 Home
- Arduino IDE 1.8.5

## 1. Arduino IDE に M5Stack の開発環境構築

M5Stack 購入時に付属する説明書に環境構築の手順が書かれていますが、その方法ではうまくいきませんでした。そこで、別の方法を紹介したいと思います。

M5Stack の公式サイト[注19]では Windows ／ Mac ／ Linux におけるインストール方法が解説されているので、その解説に沿って Windows での環境構築を行っていきます。

### USB ドライバをインストール

M5Stack と USB で通信するために必要な USB ドライバ、SiLabs CP2104 Driver[注20] をダウンロードしてインストールします。

ただし、Windows 7 ／ 8 ／ 8.1 ／ 10 (v6.7.5) 用のドライバをダウンロードしましょう。

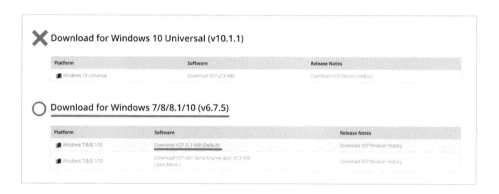

### ESP32 Arduino Core をインストール

Windows 環境での ESP32 Arduino Core[注21] をインストールしていきます。

このインストールにはバージョン管理システムである Git を利用していきます。https://git-scm.com/download/win から Git をインストールしておきましょう。こちらのソフトを使って ESP32 Arduino Core のインストールを進めていきます。

まず、先ほどインストールした Git から Git GUI を立ち上げます。

---

注19) http://www.m5stack.com/assets/docs/index.html#getting-started

注20) https://www.silabs.com/products/development-tools/software/usb-to-uart-bridge-vcp-drivers

注21) https://github.com/espressif/arduino-esp32/blob/master/docs/arduino-ide/windows.md#steps-to-install-arduino-esp32-support-on-windows

第2章 通信に挑戦してみよう

すると、次のような画面が起動します。

起動画面から「Clone Existing Repository」をクリックします。画面の各部分に次のようなURLやディレクトリを入力していきます。

**Source Location**
　https://github.com/espressif/arduino-esp32.git
**Target Directory**
　C:/Users/[YOUR_USER_NAME]/Documents/Arduino/hardware/espressif/esp32

2.4 Wi-FiとBLEを搭載！ディスプレイと拡張が容易なオプションパーツが新感覚の「M5Stack」を使ってみよう！

## Target Directoryとは

/Users/[YOUR_USER_NAME]/Documents/ArduinoはArduino IDEで製作したスケッチブック（プログラム）が保存されている場所を指します。これは、Arduino IDE上で「ファイル」→「環境設定」から確認できます。そして、その後ろに/hardware/espressif/esp32と付け加えます。

● 環境設定

適切な場所に書き込めたら、「Clone」を押します。

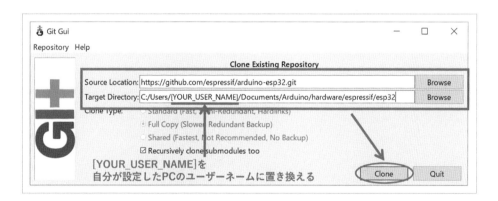

処理が終わったら、C:/Users/[YOUR_USER_NAME]/Documents/Arduino/hardware/espressif/esp32/toolsを開きます。すると、その中に「get.exe」というファイルができているのでそれをダブルクリックして処理を完了させます。

第2章　通信に挑戦してみよう

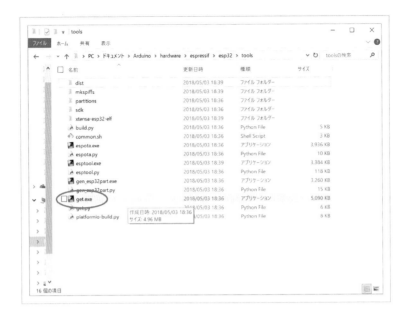

　Arduino IDE に、M5Stack のボード「M5Stack-Core-ESP32」が追加されていれば設定は完了です。

## 2. Lチカにチャレンジ

　次に、M5Stack を使ってLチカしてみます。M5Stack にはボタンが最初から付いているので、ここでは2つの LED を M5Stack の3つのボタンで ON ／ OFF できるプログラムを書いてみます。

68

## M5StackとLEDの配線図

　M5StackとLEDの配線は次の図のようにします。

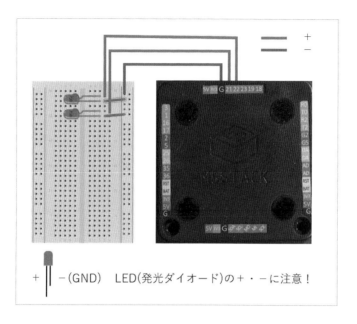

　M5Stackの「G」はGNDを表しています。
　また、LEDの極性（＋と－）に注意して配線しましょう。足の長いほうが＋、短いほうが－です。
　配線すると次のようになります。

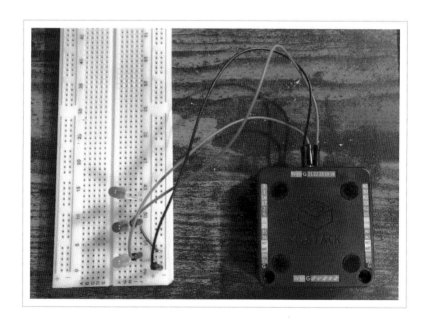

第2章 通信に挑戦してみよう

## プログラム

プログラムには次のコードを入力します。

```
#include <M5Stack.h>

int ledPin1 = 21;
int ledPin2 = 22;
int ledState1 = LOW;
int ledState2 = LOW;

void setup() {
  M5.begin();
  M5.Lcd.printf("LED PIKA PIKA");
  pinMode(ledPin1,OUTPUT);
  pinMode(ledPin2,OUTPUT);

}

void loop() {
  if(M5.BtnA.wasPressed()){
    ledState1 = HIGH;
    digitalWrite(ledPin1,ledState1);
  }

  if(M5.BtnB.wasPressed()){
    ledState2 = HIGH;
    digitalWrite(ledPin2,ledState2);
  }

  if(M5.BtnC.wasPressed()){
    ledState1 = LOW;
    ledState2 = LOW;
    digitalWrite(ledPin1,ledState1);
    digitalWrite(ledPin2,ledState2);
  }

    m5.update();
}
```

## プログラムの解説

順を追って説明していきます。まず、M5Stackのライブラリの設定です。

```
#include <M5Stack.h>
```

次に、M5StackにLEDを接続したピン番号を指定します。そして、そのピンの最初の状態を「LOW」としておきます。これはつまり、そのピンに電圧が入力されていないということです。

```
int ledPin1 = 21;
int ledPin2 = 22;
int ledState1 = LOW;
int ledState2 = LOW;
```

70

2.4 Wi-FiとBLEを搭載！ ディスプレイと拡張が容易なオプションパーツが新感覚の「M5Stack」を使ってみよう！

　そして、void setup()の中に「M5Stackを動かす」という合図を示す「M5.begin()」を書きます。また、それぞれのピンの状態をpinMode(ピン番号, 状態)という関数で表します。この関数に渡されている値は先ほど指定したものとなります。

```
void setup() {
  M5.begin();
  M5.Lcd.printf("LED PIKA PIKA");
  pinMode(ledPin1,OUTPUT);
  pinMode(ledPin2,OUTPUT);

}
```

　そして、void loop()の中に実際の動作をプログラムします。
　M5.BtnA.wasPressed()、M5.BtnB.wasPressed()、M5.BtnC.wasPressed()は、「それぞれボタンA／B／Cが押された」ということを認識します。if文と組み合わせて使うことで「ボタンA／B／Cが押されたら、ある動作をする」というように使うことができます。

```
void loop() {
  if(M5.BtnA.wasPressed()){
    ledState1 = HIGH;
    digitalWrite(ledPin1,ledState1);
  }

  if(M5.BtnB.wasPressed()){
    ledState2 = HIGH;
    digitalWrite(ledPin2,ledState2);
  }

  if(M5.BtnC.wasPressed()){
    ledState1 = LOW;
    ledState2 = LOW;
    digitalWrite(ledPin1,ledState1);
    digitalWrite(ledPin2,ledState2);
  }

  m5.update();
}
```

　プログラムは上から、

- ボタンAが押されたら、ピン番号21がHIGHになる（ピン番号21につないだLEDが点灯する）
- ボタンBが押されたら、ピン番号22がHIGHになる（ピン番号22につないだLEDが点灯する）
- ボタンCが押されたら、ピン番号21と22がLOWになる（ピン番号21と22につないだLEDが消灯する）

というプログラムになっています。

また、最後の m5.update() は M5Stack でプログラムを動かすためのおまじないのようなものなので記述しておきましょう。

## プログラムを書き込む

では、このプログラムを Arduino IDE から M5Stack に書き込んでみましょう。

まず、「ツール」→「ボード」→「M5Stack-Core-ESP32」を選択します。

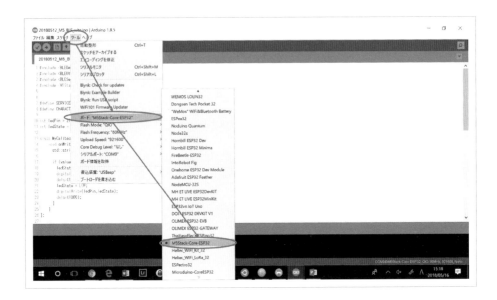

次に、「ツール」→「シリアルポート」から表示されたシリアルポートを選択します。

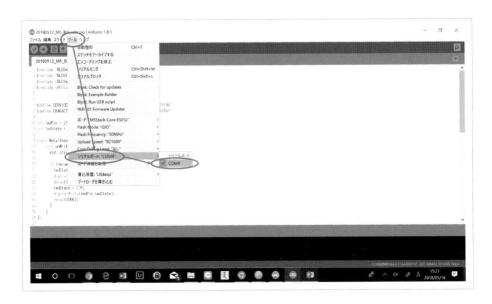

2.4 Wi-FiとBLEを搭載！ディスプレイと拡張が容易なオプションパーツが新感覚の「M5Stack」を使ってみよう！

そして、プログラムを書き込むには次の図のように「→」を選択します。エラーがなければ、「ボードへの書き込みが完了しました。」というメッセージが画面下部に表示されます。

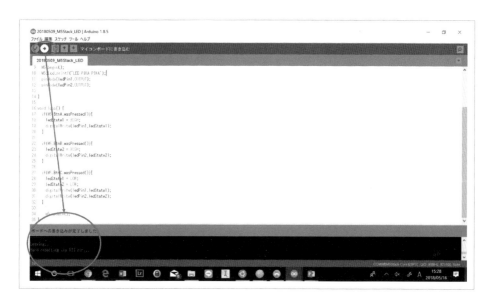

### 実行結果

左のボタンと中央のボタンを押したらLEDがそれぞれ点灯し、右のボタンを押したらLEDが消灯すれば成功です。

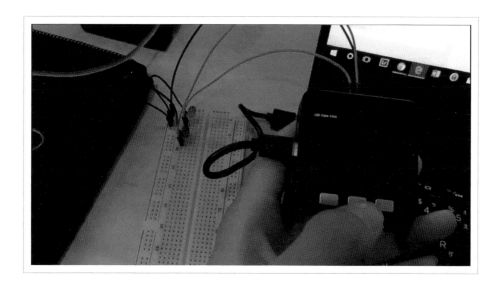

73

第2章　通信に挑戦してみよう

## 3. BLE を使ってみよう

次に、M5Stack に標準搭載されている BLE を使ってみます。

### プログラム

　ESP32 のサンプルスケッチ「BLE_notify」を利用して動作を確認してみましょう。M5Stack の
BLE がスマートフォンなどに接続されたときにLチカするプログラムです。

```cpp
// ライブラリは下記のようにインクルードします
#include <BLEDevice.h>
#include <BLEServer.h>
#include <BLEUtils.h>
#include <BLE2902.h>
#include <M5Stack.h>

BLEServer* pServer = NULL;
BLECharacteristic* pCharacteristic = NULL;
bool deviceConnected = false;
bool oldDeviceConnected = false;
uint8_t value = 0;

// UUID (ユニバーサル固有識別番号) を任意で決め、記述します
// これはデータを識別するための番号です
#define SERVICE_UUID        "4fafc201-1fb5-459e-8fcc-c5c9c331914b"
#define CHARACTERISTIC_UUID "beb5483e-36e1-4688-b7f5-ea07361b26a8"

// LEDのピンとその状態を指定します
int ledPin = 21;
int ledState = LOW;

// BLEがデバイスと接続されたとき「true」、そうでないとき「false」を変数「deviceConnected」
に格納します
class MyServerCallbacks: public BLEServerCallbacks {
    void onConnect(BLEServer* pServer) {
      deviceConnected = true;
    };

    void onDisconnect(BLEServer* pServer) {
      deviceConnected = false;
    }
};

// BLEを使う設定やM5Stackの設定を記述します
void setup() {
  Serial.begin(921600);

  M5.begin();
  pinMode(ledPin,OUTPUT);

  // Create the BLE Device
  BLEDevice::init("M5Stack_BLE");

  // Create the BLE Server
  pServer = BLEDevice::createServer();
  pServer->setCallbacks(new MyServerCallbacks());
```

74

2.4 Wi-FiとBLEを搭載！ ディスプレイと拡張が容易なオプションパーツが新感覚の「M5Stack」を使ってみよう！

```cpp
    // Create the BLE Service
    BLEService *pService = pServer->createService(SERVICE_UUID);

    // Create a BLE Characteristic
    pCharacteristic = pService->createCharacteristic(
                        CHARACTERISTIC_UUID,
                        BLECharacteristic::PROPERTY_READ   |
                        BLECharacteristic::PROPERTY_WRITE  |
                        BLECharacteristic::PROPERTY_NOTIFY |
                        BLECharacteristic::PROPERTY_INDICATE
                    );

    // Create a BLE Descriptor
    pCharacteristic->addDescriptor(new BLE2902());

    // Start the service
    pService->start();

    // Start advertising
    pServer->getAdvertising()->start();
    Serial.println("Waiting a client connection to notify...");
}

void loop() {
    // notify changed value
    // BLEがデバイスと接続したときLEDが点灯します
    if (deviceConnected) {
        ledState = HIGH;
        digitalWrite(ledPin,ledState);

        pCharacteristic->setValue(&value, 1);
        pCharacteristic->notify();
        value++;
        delay(10); // bluetooth stack will go into congestion, if too many
packets are sent
    }
    // disconnecting
    // BLEがデバイスと接続したときLEDが消灯します
    if (!deviceConnected && oldDeviceConnected) {
        delay(500); // give the bluetooth stack the chance to get things
ready
        pServer->startAdvertising(); // restart advertising
        Serial.println("start advertising");
        oldDeviceConnected = deviceConnected;
        ledState = LOW;
        digitalWrite(ledPin,ledState);
    }
    // connecting
    if (deviceConnected && !oldDeviceConnected) {
        // do stuff here on connecting
        oldDeviceConnected = deviceConnected;
    }

    m5.update();
}
```

### 実行結果

実際に動かしてみると、BLEがスマートフォンに接続されたときにLEDが光ります。

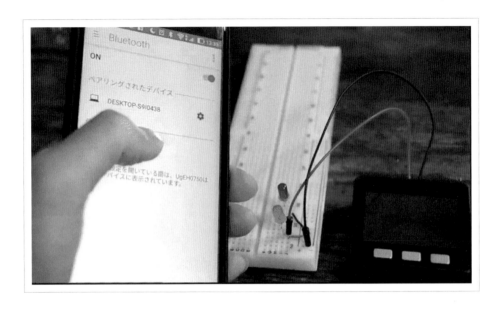

## おわりに

　M5StackはESP32をもとにした開発ボードで、Wi-FiやBLEを比較的に簡単に使うことができます。ディスプレイやボタンが標準搭載されており、さらに重ねるだけで拡張できるモジュールも豊富なので機能の追加も容易です。思いついたアイデアをすぐに実行でき、プロトタイピングをしやすい開発ボードとなっています。

　そんな魅力あふれるM5Stackで電子工作を始めてみませんか？

### 購入はこちら

**スイッチサイエンス**
https://www.switch-science.com/catalog/3647/

第**3**章

# Webプログラミング言語で楽しくIoTしよう

電子工作では C++ 風の Arduino 言語が主ですが、Web
開発言語でコーディングできるマイコンボードも増えて
きています。Ruby や JavaScript を使って電子工作にトラ
イしてみましょう。

第3章　Webプログラミング言語で楽しくIoTしよう

# 3.1 Wi-Fi拡張も簡単！ Rubyが使えるGR-CITRUSで電子工作を始めよう

　こんにちは、エンジニアのちゃんとく（@tokutoku393[注1]）です。本業ではPHPでバックエンド開発をする傍ら、テクニカルライターとしてdotstudio[注2]に参加しています。

　「IoT」というワードが流行して久しく、個人でハックを楽しむ人やイベントも増えてきました。現在では従来の主な開発言語であるC言語やArduino言語に加えて、Webエンジニアに馴染みの深い言語で開発できるIoTデバイスも増えてきています。

　本節では、Rubyと同じように扱えるmrubyで制御でき、簡単にWi-Fi拡張もできる小型ボード「GR-CITRUS」を紹介します。

## GR-CITRUSとは

　GR-CITRUSはがじぇっとるねさす[注3]が発売している小型の開発ボードです。Chrome App「Rubic」を使ったmrubyでの開発やArduino互換のスケッチが利用できます。

**GR-CITRUS 公式サイト**
http://gadget.renesas.com/ja/product/citrus.html

---

注1) https://twitter.com/tokutoku393

注2) https://dotstud.io/

注3) http://gadget.renesas.com/ja/

# GR-CITRUS

- 正式名称： GR-CITRUS（じーあーるしとらす）
- 電源供給方法： Micro USB 給電
- Wi-Fi ：非搭載（WA-MIKAN で拡張可能）
- Bluetooth ：非搭載
- 税込価格： -NORMAL 2,200 円／ -FULL 2,400 円

## 注意

GR-CITRUS には FULL と NORMAL があります。違いはピンヘッダ実装の有無のみで機能は同一ですが、半田付けが苦手な方には FULL がオススメです。ここで紹介する写真はすべて GR-CITRUS (-FULL) を使用しています。

## Ruby のように書ける mruby で制御

mruby は機器やアプリへの組み込みに最適化された省メモリ版 Ruby です。関数や Gem の違いはありますが、Ruby と同じように記述することができます。GR シリーズ従来の Arduino 互換により、Arduino 言語のスケッチを利用することも可能です。

## WA-MIKANを使って簡単にWi-Fi拡張

● 写真手前がWA-MIKAN（-FULL）

　WA-MIKANは、Wi-FiモジュールであるESP8266を搭載したボードです。WA-MIKAN単体でも使用することができますが、GR-CITRUSに差し込むだけで拡張でき（-FULLの場合）、GR-CITRUSからESP8266のファームウェア書き換えも可能になります。

## 小型なボディに多彩な機能

　GR-CITRUSは5cm程度の小型ボードですが、搭載されているRX631というマイコンにはリアルタイムクロックや温度センサーが内蔵されており、単体で時計や温度計を作成可能です。MP3やWAVファイルを読み書きできるスケッチも用意されており、WA-MIKANのSDカードから再生するプレイヤーも容易に作成できます。

# 試してみよう

実際にGR-CITRUSを動かしてみましょう。ここではmrubyと、Chromeウェブストアからダウンロードできる開発環境Rubicを使ってLチカを試してみます。

次の手順で紹介します。

1. Rubicをインストールする
2. GR-CITRUSを接続する
3. プログラムを書く
4. 試してみる
5. 起動時にプログラムを自動実行するようにする

## 用意するもの

- GR-CITRUS
- Micro USBケーブル

## 筆者の環境

- MacBook Pro (Retina 13-inch、Early 2015)
- OS X El Capitan (v10.11.6)
- Rubic バージョン0.9.3

## 1. Rubicをインストールする

Chromeでブラウザを立ち上げ、Chromeウェブストアを開きます。Chromeをインストールしていない方は公式サイト（https://www.google.com/chrome/browser/desktop/index.html）からダウンロードして進めてください。

Chromeウェブストアで「Rubic」を検索し、「＋CHROMEに追加」をクリックしてインストールします。

ツールバーのアプリからChromeアプリ一覧に行くとRubicが追加されています。選択して、Rubicを起動させておきます。

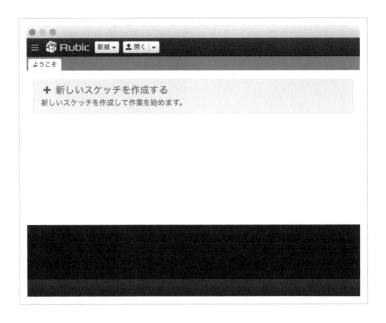

## 2. GR-CITRUSを接続する

続いてRubicにGR-CITRUSを認識させます。Micro USBケーブルでPCとGR-CITRUSを接続しましょう。

［＋ 新しいスケッチを作成する］または［新規］→［新しいスケッチ］を選択します。

左下から［ハードウェア構成を選択］→［ハードウェア構成を編集］を選びます。

このとき、カタログの更新についてポップアップが表示される場合があるので、お好みで選択して進めましょう。

第3章　Webプログラミング言語で楽しくIoTしよう

「ボードの選択」タブで **GR-CITRUS** を選びます。ボードが表示されずエラーになる場合は、USB ケーブルが給電専用でないか確認しましょう。

「機能の選択」タブで「ファームウェア」と「ファームウェアのリビジョン」をそれぞれ設定し、「スケッチ編集へ戻る」をクリックします。

［接続先を選択］をクリックすると「Gadget Renesas CITRUS」が表示されているので選択します。

［情報］をクリックして接続されていることを確認しましょう。

これでプログラムを書き込む準備が整いました。

## 3. プログラムを書く

「main.rb」のタブを開き、次のコードを入力しましょう。

● main.rb
```ruby
#!mruby
usb = Serial.new(0)
usb.println("Hello, GR-CITRUS!")

loop do
    led 1
    delay 500
    led 0
    delay 500
end
```

1と0はLEDのオンとオフを表しています。「LEDをオンにして0.5秒待ち、LEDをオフにして0.5秒待つ」という命令を「loop」で繰り返し実行するプログラムです。

## 4. 試してみる

さっそく試してみましょう。右上の「実行」をクリックします。

下部の黒い部分に実行結果が表示されます。

GR-CITRUSのLEDが0.5秒ごとにオンオフを繰り返すようになります！

## 5. 起動時にプログラムを自動実行するようにする

　GR-CITRUS はデフォルトでは起動時（給電開始時）にプログラムを実行しません。
　起動時に自動実行したい場合は、あらかじめ JP2 のジャンパをショートさせるか、JP10 をショートさせる必要があります。

　ショートさせるとは、回路をつないで通電させることです。通常は半田やショートピンなどでショートさせますが、簡易的に試す場合は次の画像のように JP2 にジャンパワイヤを刺します（給電していない状態で刺してください）。

## おわりに

　Ruby と同じようにプログラムを書いて L チカを試すことができました。Ruby での開発に慣れている人にはかなり簡単に感じられたと思います。

　GR-CITRUS は WA-MIKAN を使うことで、電子工作初心者にはハードルの高い Wi-Fi 拡張も容易です。Ruby に慣れている Web エンジニアの方はぜひ GR-CITRUS で電子工作にハローワールドしてみてください。

### 購入はこちら

**秋月電子通商**

　http://akizukidenshi.com/catalog/g/gK-10281/

## 3.2 Wi-Fi経由のみで制御できる開発ボードが日本から発売！「obniz」で気軽にIoTハックしてみよう

こんにちは、dotstudio[注4]でライターをしているきき（@ kiiiiiki8128[注5]）です。

最近では、エンジニアでなくても「IoT」に興味を持つ人が増え、IoT関連イベントへの参加や、IoT初心者向けのWeb記事が多く出されるようになってきました。IoTデバイスの中には、子どもも遊びながらプログラミング学習ができる「ブロックプログラミング」の導入や、クラウド上で簡単に操作できるIoTデバイスも開発されています。

本節では、Wi-Fiにつなげるだけでいつでも・どこでも、操作することができる開発ボード「obniz」を紹介します。

### obnizとは

obnizとは、Wi-Fi経由でクラウド上から操作が可能、JavaScriptによって制御できるIoT開発ボードです。

**obniz 公式サイト**
https://obniz.io/

---

[注4] http://dotstud.io
[注5] https://twitter.com/kiiiiiki8128

## 3.2 Wi-Fi経由のみで制御できる開発ボードが日本から発売！「obniz」で気軽にIoTハックしてみよう

　日本のスタートアップ企業 CambrianRobotics によって開発され、2018 年 5 月 18 日に発売されました。

## obniz

- 正式名称： obniz（おぶないず）
- 電源供給方法： USB microB
- Wi-Fi： IEEE 802.11b/g/n（2.4GHz）無線 LAN 搭載
- ディスプレイ： 128 × 64 ドット OLED
- Bluetooth ： Bluetooth 4.2 搭載
- 寸法：74.5 × 36.3mm
- 税込価格： 5,980 円

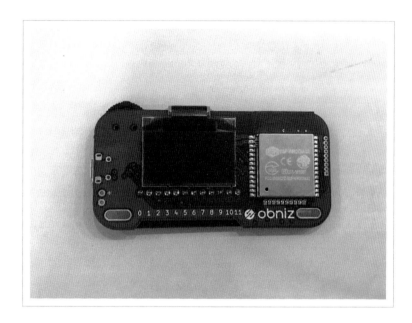

## Wi-Fiに接続するだけでどのデバイスからも制御可能

obnizの固有IDが分かっていれば、クラウド上のAPIを使用して制御できるので、プログラミング用のソフトウェアやアプリをインストールする手間も省けます。

Wi-Fiにつないだままにしておけば、**複数のobnizにつながれたモーターやセンサーなどの電子部品のプログラムを、PCやスマートフォンから同時に制御**できます。

## JavaScriptで動くため、ハードウェア初心者も使いやすい

JavaScriptから使えるので、HTMLでのUI連携、Node.jsで他のサービスと回路の連携を行うこともできます。ハードウェアに苦手意識のあるウェブエンジニアにも向いていますね。

## ブロックプログラミング

ブロックをパズルのように組み立てることで、プログラミングの構造をビジュアルで勉強することができる「ブロックプログラミング」が搭載されているので、プログラミング初心者の方も気軽に遊ぶことができます。

ディスプレイやLED、サーボモーターやセンサーなど、いくつかの部品に対応しているので、さまざまな組み合わせで試すことができます。

## 試してみよう

実際にobnizを動かしてみましょう。次の4ステップで説明します。

1. obnizのセットアップ
2. WebエディタでHello World
3. ブロックプログラミングでLチカ
4. 試してみよう

### 用意するもの

- obniz
- USBケーブル（micro B）

### 1. obnizのセットアップ

まず、obnizと電源（もしくはバッテリー）を、USBケーブルでつなぎます。すると、「Switch this!」という表示が出てくるので、左上のボタンを押します。

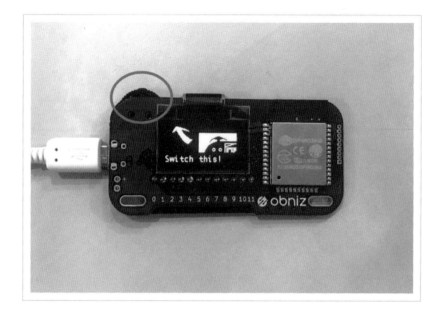

Wi-Fiの設定画面が表示されるので、ネットワークの選択とパスワードを入力します。すると、次の画面のようにQRコードが表示されます。

　このQRコードを読みとると、オンラインエディタが起動して次のような画面が表示されます。なお、QRコードが読みとりづらい場合は、パッケージの裏面にも載っているのでそこから読みとりましょう。
　obnizのディスプレイの右上に表示されている8桁の数字（obnizの固有ID）を入力します。

## 2. WebエディタでHello World

固有IDを正しく入力できると、次のような画面が表示されます。デフォルトで、obnizのディスプレイに「Hello World」を表示するコードがJavaScriptで用意されています。このコードの「"OBNIZ_ID_HERE"」の部分にも、8桁の固有IDを入力しましょう。

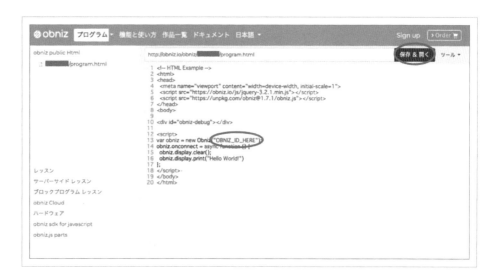

右上の「保存＆開く」ボタンを押すと、obnizのディスプレイに「Hello World」と表示されます。

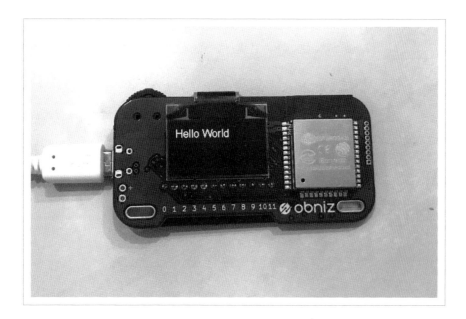

## 3. ブロックプログラミングでLチカ

次は、最も気軽にobnizを制御することができるブロックプログラミングを使ってLチカを試します。

まず、ブロックプログラミング専用のエディタ（https://obniz.io/makecode/）を開きます。そして、My Projectsのところから「New Project」を選択します。

固有IDを入力する画面が出るので、再度8桁のIDを入力します。

ブロックプログラミングの画面が表示されます。こちらもデフォルトで、obnizのディスプレイに「Hello World」を表示するプログラムが用意されています。

3.2 Wi-Fi経由のみで制御できる開発ボードが日本から発売！「obniz」で気軽にIoTハックしてみよう

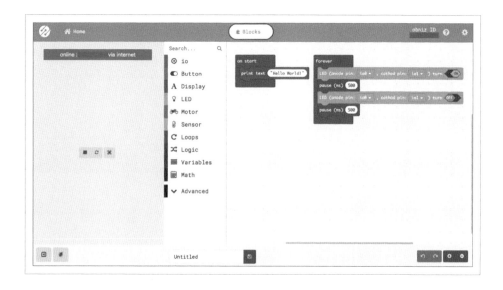

今回は、入力した文章の表示と、Lチカを組み合わせます。

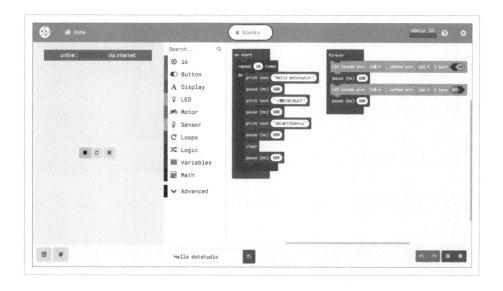

　左側のブロックは、「on start（スタートして）」から始まり、3つの文章を順番に表示して、3つそろったら消えるという処理を10回繰り返す組み合わせです。
　右側のブロックは、「forever（ずっと）」から始まり、LEDが付いたり消したりするのを繰り返す組み合わせにしています。
　メニューバーには、さまざまな電子部品を制御できるブロックが用意されているので、組み合わせ方法は無限にあります。

## 4. 試してみよう

保存をすると実行されます。

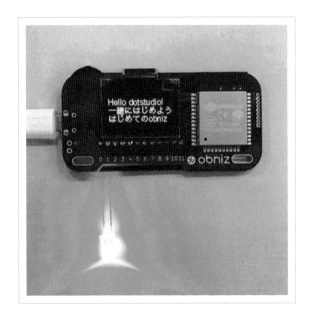

公式ドキュメントに記載があるように[注6]、抵抗内蔵 LED を使用してください。

## おわりに

いかがだったでしょうか。公式サイトにはコードと一緒に作品が紹介されており、段階ごとに分かれている使い方の説明ページもあります。ブロックプログラミングに慣れてきたら、実際にコードを書いて勉強することもできます。

また、固有 ID が分かれば同時に複数の obniz を制御できるので、より複雑なおうちハックも可能ですね。このように、obniz は初心者もそうでない人も気軽に楽しめることができるデバイスです。

obniz を使って JavaScript でサーボモーターを動かしたり L チカをしたりする記事は、dotstudio のブログ[注7]を参照してください。

## 購入はこちら

**Amazon**
https://www.amazon.co.jp/gp/product/B07DD6FK8G/

---

[注6] https://obniz.io/doc/lessons_turning_on_led
[注7] https://dotstud.io/blog/obniz-hello-world-iot/

第 **4** 章

# 子どもでも使える
# マイコンボードで
# プログラミングを学ぼう

子ども向けの学習用途で作られたデバイスも多くあります。直感的な配線とビジュアルプログラミングで楽しく学べるボードを使ってプログラミングや電子工作を学んでみましょう。

# 4.1 イギリスBBC発の教育向けデバイス！ 新感覚のマイコンボード「micro:bit」でプログラミングの世界へ飛び込もう

こんにちは、dotstudio [注1] でエンジニア兼ライターをしているちゃんとく（@tokutoku393 [注2]）です。

最近、2020年に開始される「小学校でのプログラミング教育必修化」に向けた、教育という文脈でのプログラミングの話題が活発になっています。時代がIT化からIoT化へと移る中で、プログラミング教育にもIoT的な発想が必要だと考えられます。

これからのスマホネイティブ世代にとってスマホ同士が通信するITの世界は当たり前ですが、ArduinoやRaspberry Piのような「デバイス」と「身近なもの」がつながることにはまだまだ驚きがあります。デバイスを使って学ぶことで創造的で新しい発想が生まれやすいとった研究結果もあるそうです。

本節では、ワニ口クリップと単三電池で簡単に始められ、BLEでスマートフォンとのペアリングもできる「micro:bit」でプログラミングの世界への第一歩を踏み出してみましょう。

## micro:bit とは

micro:bitはイギリスのBBC（英国放送協会）が企画・開発したマイコンボードで、2015年7月にリリースされました。イギリスでは11歳と12歳の子どもたちに無償提供され、教育シーンでの活用が進んでいます。

公式サイト（https://microbit.org/ja/）を見ても、「教育向けである」ことを前面に押し出していることが分かります。

日本では2016年末に互換機の「chibi:bit」がスイッチサイエンスから販売されていましたが、micro:bitの技適が通り、日本での発売に至りました。1,000円以上価格が下がって入手しやすくなり、Maker Fair Tokyo 2017での販売開始以来、売り切れ続出となっています。

---

注1) https://dotstud.io/

注2) https://twitter.com/tokutoku393/

4.1 イギリスBBC発の教育向けデバイス！新感覚のマイコンボード「micro:bit」でプログラミングの世界へ飛び込もう

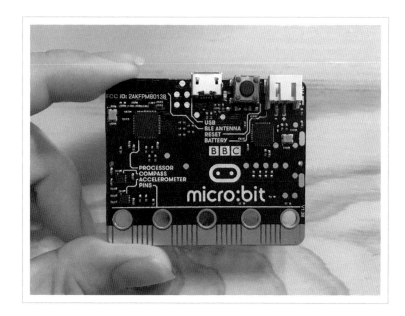

スイッチサイエンスからは JST 製 PH コネクタ対応の専用電池ボックス[注3]が販売されています。

## ワニ口クリップで挟む幅広のエッジコネクタ

micro:bit の大きな特徴の1つとして、ワニ口クリップで挟むことのできる幅広のエッジコネクタが挙げられます。3つの I/O と3V、電源を挟むだけで接続することができ、簡単な電気の流れさえ理解すれば、プロトタイピングの作成を始めることが可能です。

ここでは紹介しませんが、スピーカと micro:bit をワニ口クリップで接続し、音を出す仕組みを簡単に作ることもできます。

---

注3) https://www.switch-science.com/catalog/3332/

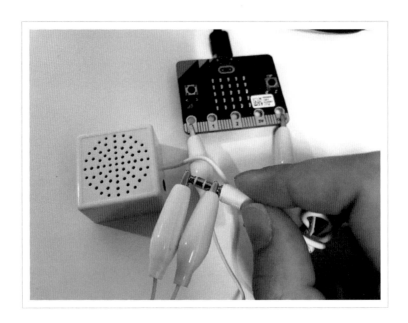

## JavaScriptと変換可能なブロックプログラミング

　micro:bitは専用のエディタを使い、ブロックで視覚的にプログラミングができます。このブロックはJavaScriptのコードに変換することができ、JavaScriptで書いたコードをブロックに戻すこともできます。

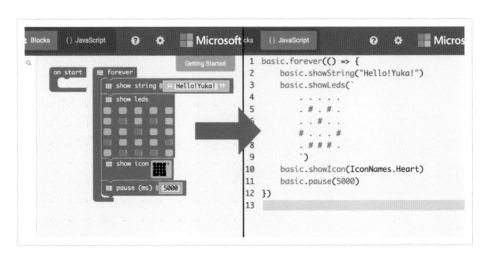

　また、Pythonエディタを使えばMicroPython[注4]でのプログラミングも可能で、「一歩先へ進みたい」という際のステップも充実しています。

---

注4) https://micropython.org/

## 簡単なペアリングでスマートフォンとBLE通信

micro:bitにはBLE（Bluetooth Low Energy）が搭載されており、専用のスマートフォンアプリで簡単にペアリングすることができます。

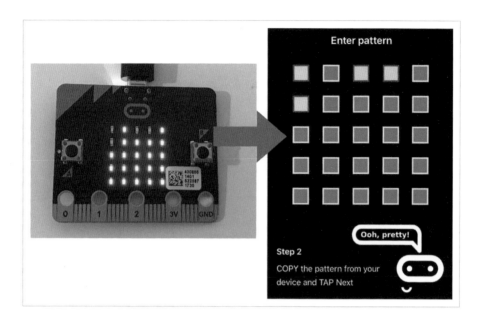

スマートフォンアプリからコードを書き込むこともでき、一連の処理をスマートフォンだけで完結することができます。「PCを持っていない子どもでもスマートフォンなら持っている」というこれからの教育シーンにピッタリかもしれません。

# 試してみよう

実際にmicro:bitを動かしてみましょう。次の4ステップで説明します。

1. micro:bitのセットアップ
2. Webエディタでプログラミング
3. プログラムの書き込み
4. 試してみよう

## 用意するもの

- micro:bit
- USBケーブル（micro B）

## 1. micro:bit のセットアップ

まず、PC と micro:bit を USB ケーブルでつなぎます。

PC 側には「MICROBIT」という名前で表示されます。

うまく認識されない場合、USB ケーブルが給電専用のタイプでないか確認してください（特に安価なケーブルに多いです）。

## 2. Web エディタでプログラミング

専用のエディタ[注5]を使ってプログラミングを始めます。

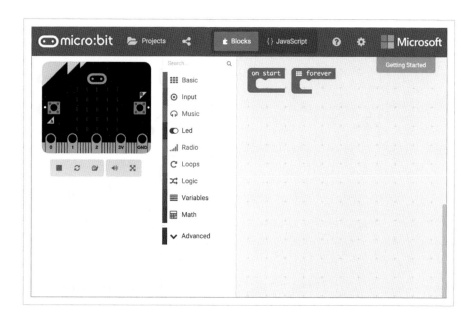

デフォルトで表示されている「on start（最初だけ）」のブロックはそのブロック内の処理をmicro:bit起動時に一度だけ実行します。また、「forever（ずっと）」のブロックはそのブロック内の処理を繰り返し実行します。

左の「Basic」の中から好きなブロックをドラッグしてはめてみます。

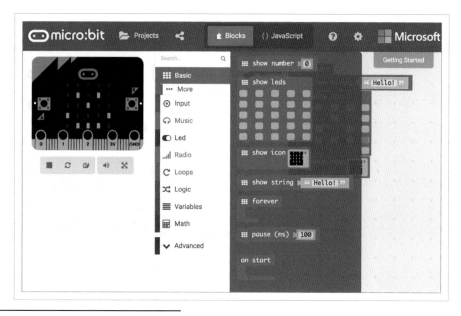

注5) https://makecode.microbit.org/

ここでは次のような形にしました。

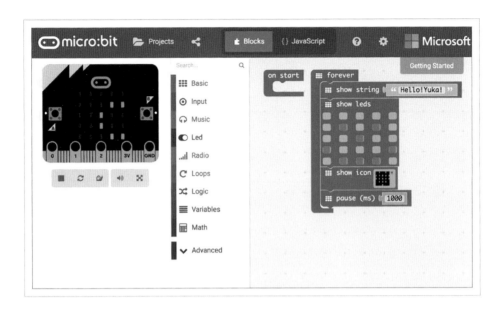

左側のmicro:bitのイラスト部分で、実行したときの挙動が再現されます。
「{} JavaScript」をクリックすると、JavaScriptのコードに変換することができます。

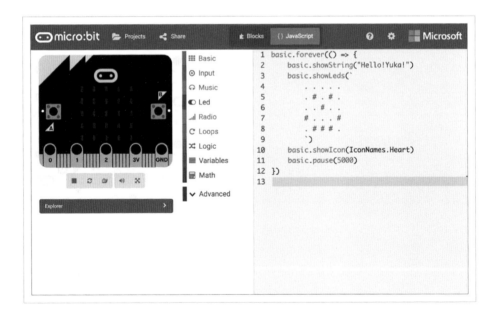

## 3. プログラムの書き込み

プログラムを micro:bit に書き込みます。左下のボックスに任意のファイル名を入力し、保存するとダウンロードできます。

ダウンロードできたら、MICROBIT のドライバにドラッグ＆ドロップしましょう。

## 4. 試してみよう

書き込みが完了すると自動で実行を始めます。

第4章　子どもでも使えるマイコンボードでプログラミングを学ぼう

## おわりに

　いかがだったでしょうか。子ども向けのセンサーボードなどは多数発売されていますが、micro:bit はワニ口クリップや LED のディスプレイによって、より直感的に簡単にプログラミングを楽しめるデバイスになっています。

　さらに、20 ピンのエッジコネクタや Python でのプログラミングにも挑戦でき、次へのステップがたくさん用意されています。

　より詳しく知りたい方は、micro:bit の developer ページ[注6]をご参照ください。

### 購入はこちら

**スイッチサイエンス**

　https://www.switch-science.com/catalog/3380/

---

### 注意

海外から直接購入する場合、技適が通っていない場合もあるので注意してください。

---

注6) https://developer.mbed.org/platforms/Microbit/

# 4.2 かわいい見た目で機能も充実！ Scratch で動かせる「nekoboard2」で電子工作を楽しもう

こんにちは、エンジニアのちゃんとく（@tokutoku393[注7]）です。本業では PHP でバックエンド開発をする傍ら、テクニカルライターとして dotstudio[注8] に参加しています。

「IoT」というワードが流行して久しく、個人でハックを楽しむ人やイベントも増えてきました。現在では、半田付けなしにつなげられたり、ノンプログラミングで開発できたりと、難しい知識なしで簡単に扱える IoT デバイスが増えてきています。

本節で、子ども向けプログラミング言語「Scratch」で動かせるセンサーボード「nekoboard2」を紹介します。

## nekoboard2 とは

nekoboard2 はスイッチサイエンス社が発売しているセンサーボードで、数種類のセンサーが初期搭載されています。子ども向けプログラミング言語「Scratch」で動かすことができ、見た目もとっつきやすいネコ型になっています。

**nekoboard2 の紹介ページ**

https://www.switch-science.com/catalog/2700/

---

## nekoboard2

- 正式名称： nekoboard2（ねこぼーど つー）
- バッテリー：非搭載
- 電源供給方法： Micro USB 給電
- Ethernet：非搭載
- Wi-Fi：非搭載
- Bluetooth：非搭載
- 税込価格： 2,500 円

---

注7) https://twitter.com/tokutoku393

注8) https://dotstud.io

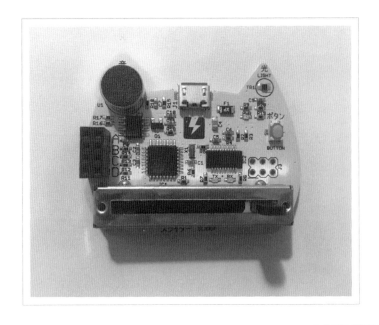

### Scratchで簡単プログラミング

Scratchはドラッグ＆ドロップで簡単に遊べる子ども向けプログラミング言語です。インストールなしですぐに遊べる「Scratch 2.0」や、オフラインでも楽しめる「Scratch 2 Offline Editor」などが用意されています。

Scratchのプログラムの構造や動かし方は他の言語と同様なので、プログラミングを始める練習にもなります。

### 音センサー、光センサーなど機能も充実

nekoboard2は音センサー、明るさセンサー、スライダーなどを初期搭載しているため、他のデバイスなしで手軽に遊び始めることができます。

ボード上にはそれぞれの機能の名前が書いてあり、初めてボードを使う人でも安心です。

### 抵抗値センサーを使って独自プログラミングも可能

nekoboard2に搭載されている抵抗センサーコネクタを使って、Scratch用センサーボード「PicoBoard」の抵抗値センサーを使用することができます。

抵抗値を扱えるので、温度や発汗などから抵抗値を取得し独自のセンサーとしてプログラミングすることも可能です。

## 試してみよう

さっそくnekoboard2を動かしてみましょう。今回は次の流れで試します。

1. nekoboard2のセットアップ

2. Scratch 2 Offline Editor のインストール
3. ボタンとネコを連動させよう
4. スライダーで動きを付けてみよう

## 用意するもの

- nekoboard2
- USB ケーブル（Micro USB）

## 筆者の環境

- MacBook Pro（Retina 13-inch、Early 2015）
- OS X El Capitan（v10.11.6）
- Scratch 2 Offline Editor

## 1. nekoboard2 のセットアップ

はじめに、nekoboard2 と PC をつなげるための準備をします。OS が Windows Vista ／ 7 ／ 8 ／ 8.1 ／ 10 の場合はこの手順は不要ですので、次項の Scratch 2 Offline Editor のインストールから始めてください。

### VCP ドライバのインストール

nekoboard2 を PC に認識させるためには、FTDI 社の VCP ドライバのインストールが必要です。ダウンロードページから、お使いの OS に対応したドライバをダウンロード、インストールしてください。

Currently Supported VCP Drivers:

| Operating System | Release Date | Processor Architecture | | | | | | | Comments |
|---|---|---|---|---|---|---|---|---|---|
| | | x86 (32-bit) | x64 (64-bit) | PPC | ARM | MIPSII | MIPSIV | SH4 | |
| Windows* | 2017-03-10 | 2.12.26 | 2.12.26 | - | - | - | - | - | WHQL Certified. Includes VCP and D2XX. Available as a setup executable Please read the Release Notes and Installation Guides. |
| Linux | 2009-05-14 | 1.5.0 | 1.5.0 | - | - | - | - | - | All FTDI devices now supported in Ubuntu 11.10, kernel 3.0.0-19 Refer to TN-101 if you need a custom VCP VID/PID in Linux |
| Mac OS X 10.3 to 10.8 | 2012-08-10 | 2.2.18 | 2.2.18 | 2.2.18 | - | - | - | - | Refer to TN-105 if you need a custom VCP VID/PID in MAC OS |
| Mac OS X 10.9 and above | 2015-04-15 | - | 2.3 | - | - | - | - | - | This driver is signed by Apple |
| Windows CE 4.2-5.2** | 2012-01-06 | 1.1.0.20 | - | - | 1.1.0.20 | 1.1.0.10 | 1.1.0.10 | 1.1.0.10 | |
| Windows CE 6.0/7.0 | 2016-11-03 | 1.1.0.22 CE 6.0 CAT CE 7.0 CAT | - | - | 1.1.0.22 CE 6.0 CAT CE 7.0 CAT | 1.1.0.10 | 1.1.0.10 | 1.1.0.10 | For use of the CAT files supplied for ARM and x86 builds refer to AN_319 |
| Windows CE 2013 | 2015-03-06 | 1.0.0 | - | - | 1.0.0 | - | - | - | VCP Driver Support for WinCE2013 |

**FTDI 社の VCP ドライバ ダウンロードページ**

http://www.ftdichip.com/Drivers/VCP.htm

ダウンロードが完了したら、インストーラを起動して手順通りに進めます。

第4章　子どもでも使えるマイコンボードでプログラミングを学ぼう

　インストールが完了すると、FTDI社製チップを搭載したUSBシリアル変換アダプタなどを使えるようになります。USBケーブルでnekoboard2をPCと接続する準備が整いました。

---

# FTDI社のVCPドライバとは

　本節で使うnekoboard2や、Arduino Unoの先代Arduino Duemilanove、XBeeなどには、USBケーブルでPCにつなぐためのUSBシリアル変換アダプタにFTDI社製のチップが使われています。Macでこのチップを使うためには、VCPドライバのインストールが必要です。

---

## 2. Scratch 2 Offline Editor のインストール

　ScratchにはWeb上でプログラミングできるオンラインエディタScratch 2.0[注9]もありますが、ここでは「Scratch 2 Offline Editor」を使います。**インターネットにつながっていない状態でもプログラミングができるので、子どもだけでも安全に利用できます。**

　「Scratch 2 Offline Editor」のページに行くと、英語でインストール手順の説明があります。1から順に進めてみましょう。「Scratch 2.0 Offline Editor」のページに行くと、インストール手順の説明があります。1から順に進めてみましょう。

> **Scratch 2 Offline Editor ダウンロードページ**
> https://scratch.mit.edu/download

### Adobe AIR をインストール

　まずはScratch 2 Offline Editorを動かすために必要なAdobe AIRをインストールします。OSに合わせて、リンクからインストーラをダウンロードしましょう。

　ダウンロードが完了したら、インストーラを立ち上げて手順通りに進めます。

### Scratch 2 Offline Editor のインストール

　続いてScratch 2 Offline Editorをインストールします。手順のリンクからダウンロードしましょう。

　ダウンロードできたらインストーラを立ち上げ、インストールします。

　インストールが完了したら、エディタを起動して言語設定を日本語にしておきます。左上の地球マークをクリックし、「日本語」を選択しましょう。

---

注9) https://scratch.mit.edu/projects/editor/

4.2 かわいい見た目で機能も充実！ Scratchで動かせる「nekoboard2」で電子工作を楽しもう

ここで「にほんご」を選べば、ひらがな表記のみにすることもできます。

## nekoboard2の設定を追加

nekoboard2を使うために、拡張機能を追加します。［その他］の項目を選び、［拡張機能を追加］をクリックします。

「PicoBoard」を選択します。PicoBoardはnekoboard2と同様にScratchでプログラミングできるセンサーボードです。

113

第4章　子どもでも使えるマイコンボードでプログラミングを学ぼう

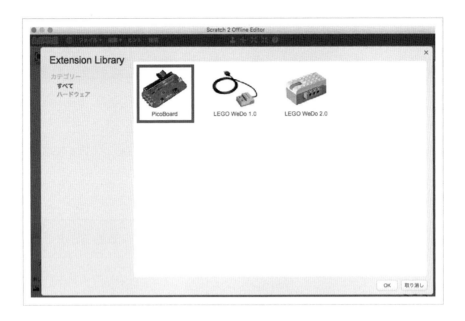

nekoboard2 を動かすためのブロックが追加されます。

以上で、nekoboard2 と Scratch を動かす準備が整いました！

## 3. ボタンとネコを連動させよう

　Scratch と nekoboard2 がきちんと接続されていることを確認するために、まずは nekoboard2 のボタンを押すとネコが鳴く簡単なプログラムを試してみましょう。

4.2 かわいい見た目で機能も充実！ Scratchで動かせる「nekoboard2」で電子工作を楽しもう

## nekoboard2を接続

nekoboard2をUSBケーブルでPCに接続し、認識されることを確認します。

正常に接続されると、PicoBoardの横の丸が緑色になります。

## プログラムを作る

Scratchでは機能のブロックをドラッグ＆ドロップで組み合わせてプログラムを書くことができます。ブロックはスクリプトのタブからカテゴリを選んで選択します。

115

それでは次のようなプログラムを組んでみましょう。プログラムの起動のために、慣例的に「緑の旗がクリックされたとき」から始めます。

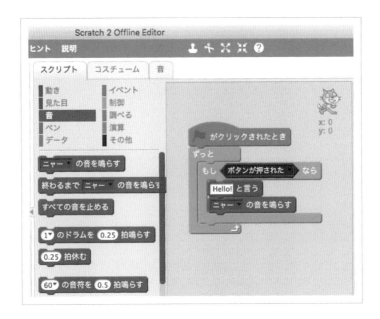

それぞれのブロックは次のカテゴリにあります。

- イベント → ［緑の旗がクリックされたとき］
- 制御 → ［ずっと］／［もし〜なら］
- その他 → ［ボタンが押された］
- 見た目 → ［Hello! と言う］
- 音 → ［ニャーの音を鳴らす］

### 試してみる

プログラムを起動するために、実行画面の上部にある緑の旗をクリックしましょう。

4.2 かわいい見た目で機能も充実！Scratchで動かせる「nekoboard2」で電子工作を楽しもう

　nekoboard2のボタンを押すと、エディタ上のネコが「ニャー」と鳴いて、Helloという吹き出しが出ます（実際に音が出ます）。

　緑の旗の横にある赤い丸をクリックするとプログラムが停止します。
　いかがでしょうか？ Scratchで、プログラムの命令と条件分岐の仕組みを簡単に作ることができました。

117

## 4. スライダーで動きを付けてみよう

nekoboard2に搭載されている機能をもう1つ試してみましょう。スライダーを使って動きのあるプログラムを作ってみます。

スライダーは位置を変えると抵抗値が変わるので、センサーとして扱うことができます。

### 背景とコスチュームの変更

Scratchの実行画面は、簡単にカスタマイズすることができます。

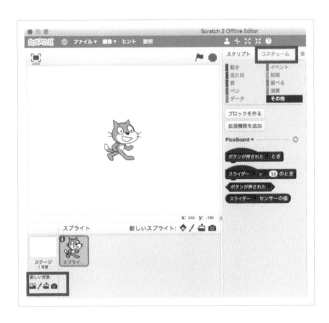

［新しい背景］から海の背景を、［コスチューム］のタブからタコのコスチュームを2つ追加しました。

4.2 かわいい見た目で機能も充実！ Scratchで動かせる「nekoboard2」で電子工作を楽しもう

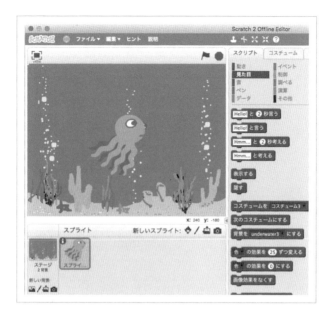

## プログラムを作る

次のようなプログラムを作ってみます。

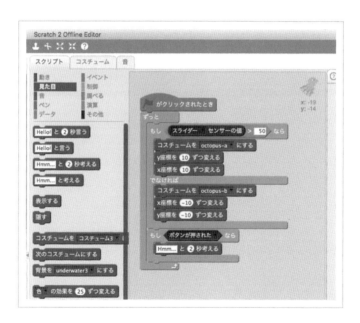

それぞれのブロックは次のカテゴリにあります。

- イベント → ［緑の旗がクリックされたとき］
- 制御 → ［ずっと］／［もし～なら・でなければ］［もし～なら］
- 演算 → ［＞］

- 見た目 → ［コスチュームを〜にする］／［Hmm... と2秒考える］
- 動き → ［x／y座標を〜ずつ変える］

## 試してみる

　緑の旗をクリックしてプログラムを起動します。スライダーを左右に動かすとタコが行ったり来たりするようになりました。ボタンを押すと「Hmm...」と考えて立ち止まります。

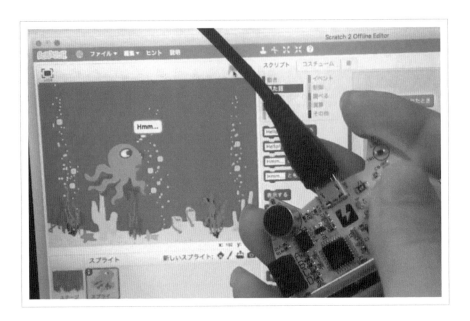

　このように、プログラムはセンサーなどのインプットの値でイベントを条件付け、監視するという制御が基本になります。

## おわりに

　電子工作の王道といわれる Raspberry Pi や Arduino UNO などでも、見た目から機能が分かりづらかったり、必要なパーツが多かったりと、始めるための予備知識が必要です。
　nekoboard2 を使って、分かりやすい見た目とビジュアルプログラミングで簡単に Web とボードの連携を試すことができました。子ども向けボードと銘打たれていますが、電子工作の第一歩として遊んでみる場合にもオススメです。

## 購入はこちら

**スイッチサイエンス**
　https://www.switch-science.com/catalog/2700/

**Amazon**
　https://www.amazon.co.jp/gp/product/B01FVJ0Q9E/

第 **5** 章

# ウェアラブルなプロダクトを
# 作ってみよう

何か IoT ハックをしてみたい……と思ったとき、光る服
やアクセサリーを作るのも楽しいものです。洋服に縫い
付けられ、洗濯までできるマイコンボードで、ウェアラ
ブルなプロダクトを作ってみましょう。

# 5.1 洋服に縫い付けられるArduino！「LilyPad Arduino 328」を試してみよう

　こんにちは、エンジニアのゆっきん（@yukkin4649[注1]）です。ライターとしてdotstudio[注2]に参加しています。

　「IoT」というワードは新聞やテレビでも目にしない日はありません。特にウェアラブルなプロダクトの開発は、現在注目を浴びています。しかし、ウェアラブルなのにもかかわらず洗濯ができなかったり、モバイルバッテリーが場所を取ったりするといった問題がありました。

　本節では、洋服に縫い付ける目的で開発され、洗濯することもできるコンパクトな開発ボード「LilyPad Arduino 328」を紹介します。

## LilyPad Arduino 328 とは

　LilyPad Arduino 328（以下LilyPad）はLeah Buechley氏とSparkFun Electronics社によって開発された、洋服に縫い付けて使うことを目的としたボードです。直径50mm、厚さは0.8mmとなっています。

---

### LilyPad Arduino 328

- 正式名称：LilyPad Arduino 328（りりーぱっど　あるどぅいーの　さんにはち）
- 電源供給方法：Micro USB 給電
- Wi-Fi：非搭載
- Bluetooth：非搭載
- 税込価格：2,493 円

---

注1) https://twitter.com/yukkin4649

注2) https://dotstud.io

## Arduino IDE で開発できる

　LilyPadはArduinoシリーズの一種で、Arduino用の開発環境「Arduino IDE」からArduinoと同様に開発できます。Arduino IDEでのプログラミングに使われるArduino言語は、初心者向けのサンプルや記事が多く公開されており、初めてマイコンボードを触る人にとっても取り組みやすいものとなっています。

## 軽量で裁縫向きなボード

　服や帽子やバッグなどの布地に縫い付けて使うことを目的としており、縁の大きな接続パッドが特徴です。まさにウェアラブル開発向きのボードといえます。

# 試してみよう

　実際にLilyPadを動かしてみましょう。ここではArduino IDEからLチカを試してみます。次の手順で紹介します。

1. Arduino IDE のインストール
2. LilyPad を接続する
3. プログラムの書き込みと実行

## 用意するもの

- LilyPad Arduino 328
- USB シリアル変換アダプタ
- micro-B USB ケーブル

LilyPadへのプログラムの書き込みは、基板上のピンヘッダにシリアルインターフェースを接続して行います。ここではFTDI USBシリアル変換アダプタ（5V／3.3V切り替え機能付き）[注3]を使用しています。

また、USBシリアル変換基板の不要な「LilyPad Arduino USB」も発売されています。

### 筆者の環境

- MacBook Air 11-inch Early 2014
- macOS X El Capitan 10.11.6
- Arduino IDE 1.8.3

## 1. Arduino IDE のインストール

公式サイト（https://www.arduino.cc/）からArduino IDEをダウンロードします。Arduinoにはオンラインで利用できるArduino Web Editorと、オフラインで利用できるArduino Desktop IDEがあります。ここではArduino Desktop IDEを使います。

公式サイトの［SOFTWARE］→［DOWNLOADS］をクリックするとダウンロードページが表示されます。各OS向けのリンクがあるので、自分のPCの環境に合ったものを選択してください。

「Arduinoソフトウェアに貢献しますか」という画面に遷移します。Arduinoのソフトウェア開発に貢献する場合は金額を選択します。無料で使用する場合は［JUST DOWNLOAD］をクリックします。

zipファイルがダウンロードされるので展開します。

---

注3) https://www.switch-science.com/catalog/1032/

## 5.1 洋服に縫い付けられるArduino！「LilyPad Arduino 328」を試してみよう

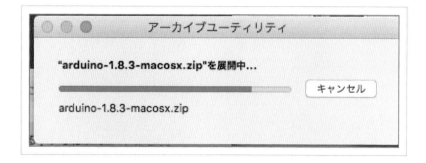

Arduinoを押して立ち上げます。

次のように起動すればインストールは成功です。

## 2. LilyPadを接続する

USBシリアルアダプタとUSBケーブルを使用してLilyPadをPCに接続します。

LilyPadにUSBシリアルアダプタを取り付けます。

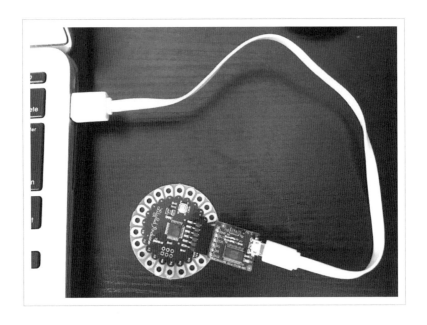

USBシリアルアダプタにUSBケーブルをつなぎ、PCに接続します。

## 3. プログラムの書き込みと実行

LチカのプログラムをLilyPadに書き込む準備をしましょう。
［ツール］→［ボード:］で［LilyPad Arduino］を選択します。

［ツール］→［シリアルポート］で［/dev/cu.usbserial〜〜］を選択します（Macの場合）。Windowsの場合は［COM〜〜］などのUSBシリアルポートを選択します。これでLilyPadとPCがつながります。

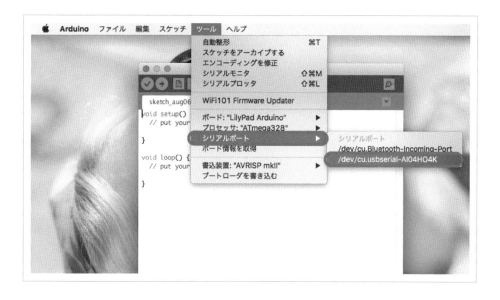

Arduinoで作成したプログラム（スケッチ）を開きます。ここではArduino IDEに用意されているLチカのサンプルプログラムを使用しましょう。［ファイル］→［スケッチ例］→［01.Basics］→［Blink］を選択します。Blinkとは点滅という意味です。

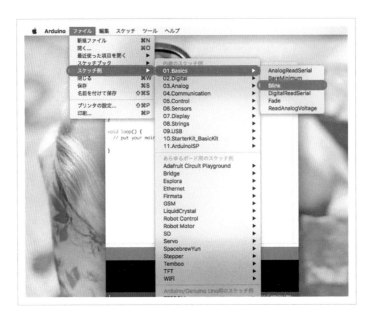

Blinkのスケッチを開いたら、スケッチの左上のチェックマークをクリックします。これでコンパイルが始まります。

## 5.1 洋服に縫い付けられるArduino！「LilyPad Arduino 328」を試してみよう

　コンパイルが終わり、書き込みボタン（→）をクリックするとLilyPadへの書き込みが始まります。

書き込みが完了すると、青いLEDがチカチカします。

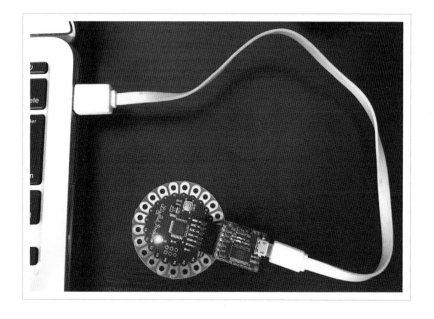

# おわりに

　自分でプログラムを書かずに、簡単にLilyPadでLチカを試すことができました。他にもサンプルプログラムがあるので、ぜひ試してみてください。

　また、LilyPadはメインボードとセンサーなどを導電糸で接続すれば、さらに開発の幅が広がります。明るさセンサーや加速度センサーなど周辺モジュールも豊富にあり、代表的なものがそろっているLilyPadの開発キット[注4]もあるのでチェックしてみてください。

## 購入はこちら

**スイッチサイエンス**
https://www.switch-science.com/catalog/2654/

---

注4) https://www.switch-science.com/catalog/1071/

## 5.2 半田付け不要？！縫い付けて使うArduinoで激iLLな音で光るニット帽作ってみた！

　ヤーマン！ みなさんこんにちは、dotstudio[注5]の広報兼テクニカルライターのマオです。渋谷のギャル全員光らせるためにギャル電の活動をしています。
　本節は、フレッシュなテクノロジーを使ったファッションアイテムの作例を紹介します。

---

注5) https://dotstud.io/

# ギャル＝テクノの法則

最近のうちのライフサイクル、起きて→学校→クラブ→朝でだいたいリピート。
あとギャルの友達との会話もなんか同じ話題がリピートしがち。
同じことを繰り返す、この無限リピートでグルーブを増す感じ……？
まって、まじなんかに似てる………………………………
え！？　これはまさか……！！！　テクノミュージックと一緒じゃね？！！
て感じでギャルはテクノということを発見した。やばい、まじ真理きたわ。

だから**ギャル＝テクノ**って感じのウェアラブル電子工作を作ってみたよ★　名付けて**ギャルテクノニット帽**。音センサーが付いてるから音に反応して光る仕組み。
ちなみに「テクノ」ってなんとなく漢字で表すと「雷電」になるからそれをロゴにしてみた卍

# 準備するもの

## 電子部品類

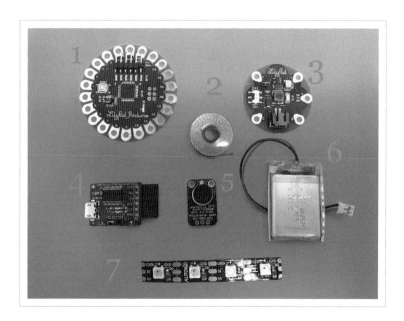

1. LilyPad Arduino 328：https://www.switch-science.com/catalog/2654/
2. 導電糸：https://www.switch-science.com/catalog/911/
3. LilyPad リチウムイオンポリマー電池用 DC-DC コンバータ（LiPower）：https://www.switch-science.com/catalog/1055/
4. FTDI USB シリアル変換アダプタ：https://www.switch-science.com/catalog/1032/
5. エレクトレットマイクアンプモジュール：https://www.switch-science.com/catalog/1680/
6. リチウムイオンポリマー電池 400mAh：https://www.switch-science.com/catalog/3118/
7. NeoPixel LED：https://www.switch-science.com/catalog/1400/

## 側の部分

1. ニット帽
2. 電飾の側の部分（大きさ：縦×横：5cm × 7cm）
    - 透明な四角いプラスチック板
    - 白いプラスチック板
    - プリントした自分が好きなロゴ、普通の白紙にプリント
3. アクセサリー（あってもなくても OK）

## 道具類

1. グルーガン
2. 透明スティックのり
3. 針
4. ニット帽と同じ色の糸
5. はさみ
6. 穴開け工具
7. 両面テープ
8. PC
9. マイクロ USB ケーブル typeB

## さっそく作っていく！

　ここで作る、光るニット帽の配線図は次の通りです。実際に導電糸で縫っていくときもこの配置で縫っていきます。

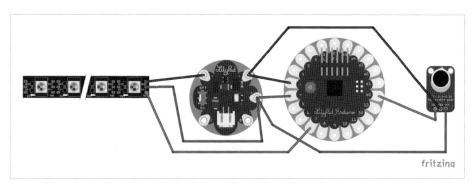

● 実体配線図

| LilyPad<br>（マイコン） | LiPower<br>（電源供給パーツ） | マイクアンプモジュール<br>（音センサー） | NeoPixel<br>（LED） |
|---|---|---|---|
| A0 |  | OUT |  |
| 7 |  |  | DIN |
| +（プラス） | +（プラス） | VCC | 5V |
| -（マイナス） | -（マイナス） | GND | GND |

● 配線表（表の見方：同じ行のものは同じ配線）

## ここで注意するポイント！

　導電糸は、普通の配線とは違って被覆（絶縁体で被せてある部分）がないため、縫う際に注意が必要です。実体配線図では違う配線がクロスしているところがありますが、実際に縫うときは**違う配線の導電糸同士は必ず接触しないようにしましょう**。

　なんでー？！　→　ショートするからです。

　ここでなんかよく分からなくても大丈夫、とりま次のステップにいきましょう。

## ニット帽に電子部品を固定する

### ニット帽の後ろの部分

　実際にニット帽を被るときに部品が頭の後ろに来るように配置して固定します。そして、ニット帽の折り目の少し上に、使用する電子部品を固定していきます。ニット帽と同じ色の糸などを使ってこの写真のように計5か所をニット帽に縫い付けて固定します。

### ニット帽の前側（電飾部分）
　固定していく前に、まず穴を開ける準備をします。

5.2 半田付け不要？！縫い付けて使うArduinoで激iLLな音で光るニット帽作ってみた！

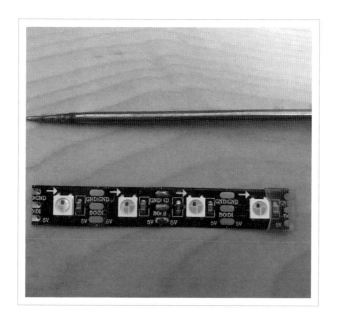

　穴を開けられる道具などでNeoPixel（LED）の銅の部分、計3か所に針が通るよう穴を開けましょう。NeoPixelの向きもきちんと合っているか確認しようね★

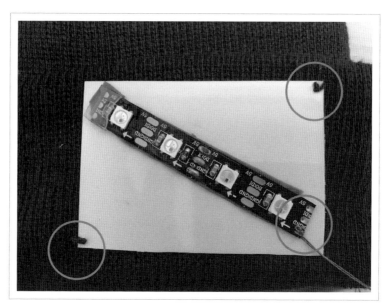

● 穴を開ける場所

　同様に白いプラスチック板にも穴を対角に開けて固定します。NeoPixelは両面テープでプラスチック板に貼り付けましょう。

## 導電糸で配線を縫っていく

写真のように導電糸で配線の通りに縫っていきます。

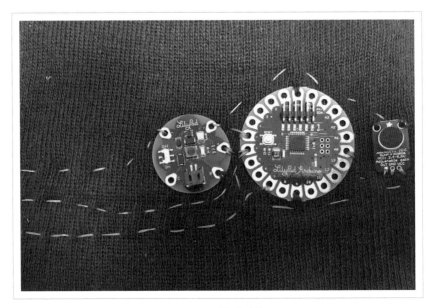

● ニット帽の後ろ側

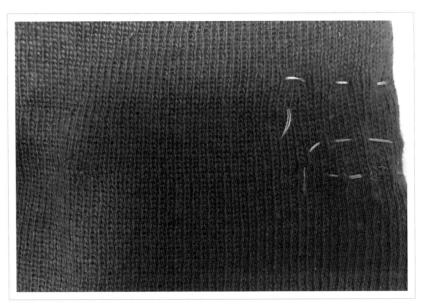

● ニット帽の前側（LED側）

　ここでは先の注意のように必ず違う配線同士が接触しないように工夫しながら縫っていきましょう。例えば縫う間隔を少し離すなどして、注意深く縫っていきます。

## プログラミングしていく！

ここで一旦通電チェックも含め、プログラムを書き込んでいきます。

### プログラミングするための環境設定

LilyPad Arduino 328 はプログラミングする際に Arduino IDE というソフトウェアを使います。この Arduino IDE はフリーソフトです。公式サイト[注6]から各自の PC にダウンロードしてください。

### ライブラリのインストール

LilyPad Arduino 328 はもともと Arduino IDE にボードがインストールされているため、ここではボードのインストールは行いません。よって、NeoPixel（LED）を光らせるためのライブラリのみインストールしていきます。

まず［Arduino］→［Preferences］をクリックしてください。

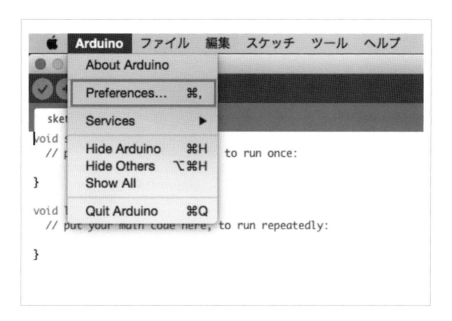

次の Adafruit の URL、追加のボードマネージャの URL に入力し、「OK」をクリックしてください。

https://www.adafruit.com/package_adafruit_index.json

---

注6) https://www.arduino.cc/en/Main/Software

第5章 ウェアラブルなプロダクトを作ってみよう

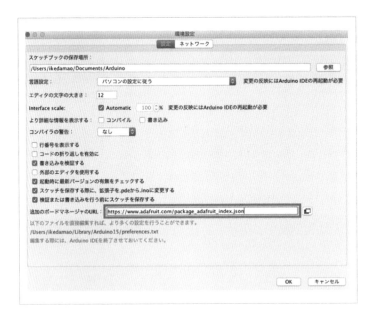

NeoPixelを光らせるために必要なライブラリをインストールします。［スケッチ］→［ライブラリをインクルード］→［ライブラリを管理］をクリックしてください。

画面が表示されるので、検索欄に「neopixel」と入力しましょう。次のように表示されます。「Adafruit NeoPixel by Adafruit」を選択してインストールしてください。

140

## 5.2 半田付け不要？！縫い付けて使うArduinoで激iLLな音で光るニット帽作ってみた！

## プログラムを書き込む

次のプログラムを Arduino IDE に入力してください。

```
#include <Adafruit_NeoPixel.h>

#define N_PIXELS  4     // 使用するNeopixel  LED の数
#define MIC_PIN   A0    // Mic Ampを接続するピン番号
#define LED_PIN   7     // NeoPixel LED を接続するピン番号
#define DC_OFFSET 0     // DC offset i
#define NOISE     80    // Mic Amp 信号のNoise/hum/interference
#define SAMPLES   60    // ダイナミックレベル調節でブッファーの長さ設定
#define TOP       (N_PIXELS)

byte
  peak     = 0,
  dotCount = 0,
  volCount = 0;

int
  vol[SAMPLES],
  lvl       = 20,
  minLvlAvg = 0,
  maxLvlAvg = 1024;

Adafruit_NeoPixel  strip = Adafruit_NeoPixel(N_PIXELS, LED_PIN, NEO_GRB +
NEO_KHZ800);

void setup() {

  memset(vol,0,sizeof(int)*SAMPLES);
  strip.begin();
}
void loop() {
  uint8_t  i;
  uint16_t minLvl, maxLvl;
```

第5章 ウェアラブルなプロダクトを作ってみよう

```
  int       n, height;
  n    = analogRead(MIC_PIN);
  n    = abs(n - 512 - DC_OFFSET);
  n    = (n <= NOISE) ? 0 : (n - NOISE);
  lvl = ((lvl * 7) + n) >> 3;

  height = TOP * (lvl - minLvlAvg) / (long)(maxLvlAvg - minLvlAvg);

  if(height < 0L)        height = 0;
  else if(height > TOP) height = TOP;
  if(height > peak)      peak   = height;

  uint8_t bright = 255;
#ifdef POT_PIN
   bright = analogRead(POT_PIN);

#endif
  strip.setBrightness(bright);


  for(i=0; i<N_PIXELS; i++) {
    if(i >= height)
       strip.setPixelColor(i,   100,  0, 100);
    else
       strip.setPixelColor(i,Wheel(map(i,100,strip.numPixels()-1,30,150)));
    }

   strip.show();

  vol[volCount] = n;
  if(++volCount >= SAMPLES) volCount = 0;


  minLvl = maxLvl = vol[0];
  for(i=1; i<SAMPLES; i++) {
    if(vol[i] < minLvl)      minLvl = vol[i];
    else if(vol[i] > maxLvl) maxLvl = vol[i];
  }

  if((maxLvl - minLvl) < TOP) maxLvl = minLvl + TOP;
  minLvlAvg = (minLvlAvg * 63 + minLvl) >> 6;
  maxLvlAvg = (maxLvlAvg * 63 + maxLvl) >> 6;
}


uint32_t Wheel(byte WheelPos) {
  if(WheelPos < 85) {
   return strip.Color(WheelPos * 3, 255 - WheelPos * 3, 0);
  } else if(WheelPos < 170) {
   WheelPos -= 85;
   return strip.Color(255 - WheelPos * 3, 0, WheelPos * 3);
  } else {
   WheelPos -= 170;
   return strip.Color(0, WheelPos * 3, 255 - WheelPos * 3);
  }
}
```

　次にボード、プロセッサ、シリアルポート、書込装置を次の画像と同じものに設定していきます。

142

## 5.2 半田付け不要？！縫い付けて使うArduinoで激iLLな音で光るニット帽作ってみた！

- ボード："LilyPad Arduino"
- プロセッサ："ATmega328P"
- シリアルポート："/dev/cu.usbserial-AI04HO4K"[注7]
- 書込装置："AVRISP mkII"

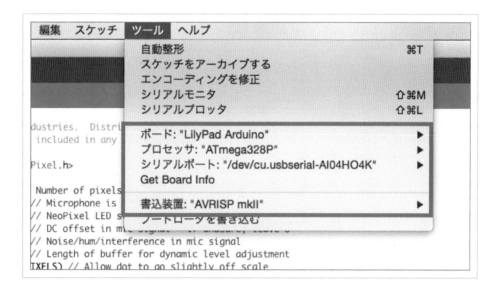

書き込みのボタン（→）をクリックするとプログラムがLilyPadマイコンに書き込まれます。

---

注7) Windowsの場合は表記が異なります。

書き込みが終了したら次のように表示されます。この状態になったらケーブルを外しても大丈夫です。

```
50    memset(vol,0,sizeof(int)*SAMPLES);//Thanks Neil!
51    strip.begin();
52 }
53 void loop() {
54    uint8_t  i;
```
ボードへの書き込みが完了しました。

最大30,720バイトのフラッシュメモリのうち、スケッチが3,548バイト（11%）を使っています。
最大2,048バイトのRAMのうち、グローバル変数が168バイト（8%）を使っていて、ローカル変数で1,880バイト使うことができます。

ここでNeoPixel（LED）がきちんと光ったら通電しているので、次のステップにいきましょう。光らない（通電していない）場合はどこか違う配線になっているか、違う配線同士が接触していないかなど、問題を探して解決していきましょう。

## 最終ステップ、グルーガンで導電糸を保護っていこう

最後に導電糸を固定＆ショート対策を含めグルーガンでしっかり各配線を保護っていきます。汗をかいたりして、思いがけないショートや故障を防ぐために裏表きちんとやっていきます。

● ニット帽の後ろ側

## 5.2 半田付け不要？！縫い付けて使うArduinoで激iLLな音で光るニット帽作ってみた！

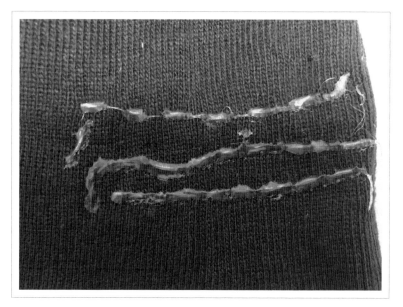

● ニット帽の前側

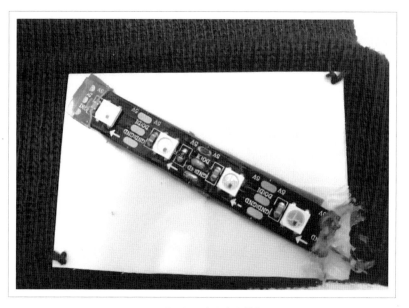

● NeoPixel（LED）の部分

しっかりグルーガンで導電糸を保護れたらリチウムイオンバッテリーを接続します。リチウムイオンバッテリーは両面テープなどで固定しておきましょう。

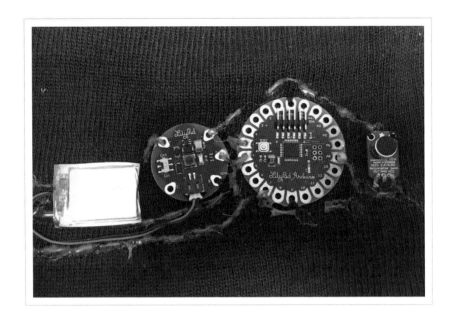

次に電飾の部分を完成させます。

この写真のように、自分が好きなデザインをプリントした紙の前のほうにスティックのりなどを塗り、透明のプラスチック板を被せます。

次に仕上がったロゴの部分をNeoPixel（LED）が付いた白いプラスチック板にグルーガンで固定し、飾りなどを付けたら〜できあがりです★　いえーい！！

5.2 半田付け不要？！縫い付けて使うArduinoで激iLLな音で光るニット帽作ってみた！

# スイッチONしてHANG★OUT
光るアイテムがあると写真写りも盛れるしやっぱバイブス上がる！

　ちなみに今回使ったマイコンLilyPadは使い方によって洗濯可能らしい！
　LilyPadを直接洗濯できるというわけではないけど、導電糸で配線をする場合LilyPadにスナップボタンを半田付けすれば取り外しできて洗濯できるみたいだね。

　ギャルテクノニット帽は音に反応してファッショナブルに光るかつフォトジェニックだからみんなもぜひ作ってみてね！★

# 著者プロフィール（執筆時点）

### うこ（ウコ）

　ハードウェアの試作からバックエンドシステム設計まで幅広く手がけるエンジニア。ヒトとテクノロジーの融和をモノづくりを通して表現することを目指し日々活動している。dotstudio株式会社でさまざまなエンジニアリング業務に携わりつつ、駆け出しの研究者としてヒトの知能と身体の関係を明らかにする研究にも取り組んでいる。

### 榎本 麗（エノモト ウララ）

　IoTやテクノロジー記事を編集するテクニカルエディター。大学3年次から、月間600万PVのオウンドメディアを運営する株式会社LIGに約1年半インターンとして参加し、2015年に同社へ新卒として入社。2016年7月にはdotstudio株式会社に参加し、テクノロジー系の編集に関わりつつ、プログラミングやIoTデバイスに触れている。

### きき（キキ）

　大学では法学を学びながら、児童福祉や社会的マイノリティに関するNPO活動に勤しんでいたが、ウェブメディアの制作に興味を持ち、プログラミングの勉強を始める。dotstudioではテクニカルライターとして初心者向けのIoT記事を執筆している。

### ギャル電 まお（ギャルデン マオ）

　現役大学生。ドンキでArduinoが買える時代を夢見て、ギャル電というユニットで活動をしている。
　渋谷のギャルが電子工作ブームを起こす未来を想定し、技術サポートができるよう大学では電気工を専攻。好きな食べ物は、焼肉とクレープ。パーティーとファッションを楽しくするものづくりを頑張っていきたい。

### ちゃんとく（チャントク）

　大学までは文系で法学を学んでいたが「モノを作れる人」に憧れて知識ゼロからエンジニアに転身。本業ではPHPでWebサーバサイド開発を担う傍ら、テクニカルライターとしてdotstudioに参加している。Node.jsユーザグループ内の女性コミュニティ「Node Girls」を主催。趣味の電子工作では日本最大のIoTコミュニティ「IoTLT」では体当たり電子工作を発表中。

## ゆっきん（ユッキン）

熊本出身のシステムエンジニア。1994 年生まれ。西南学院大学国際文化学部卒業後、福岡の IT 企業に就職。現在は東京勤務。本業の傍ら、dotstudio 株式会社にてライターとして参加。

## わみ（ワミ）

ロボットのファームウェアや Android アプリの開発をするエンジニア。

学生のうちから『Sofmo』や『Nefry』などといったデバイスの開発や販売を始める。

IoTLT 名古屋や名古屋で IoT デバイスのハンズオンなど IoT を広めつつ、現在は Nefry の次期バージョンである『Nefry BT』の開発をしている。

## デバイスごとにわかる
## IoT スターターのための電子工作チャレンジブック
アイオーティー

2019年12月1日　　初版第1刷発行（オンデマンド印刷版Ver. 1.0）

| | |
|---|---|
| 著　者 | dotstudio |
| 発行人 | 佐々木 幹夫 |
| 発行所 | 株式会社 翔泳社　（https://www.shoeisha.co.jp/） |
| 印刷・製本 | 大日本印刷株式会社 |

©2019 dotstudio

- 本書は著作権法上の保護を受けています。本書の一部または全部について（ソフトウェアおよびプログラムを含む）、株式会社 翔泳社から文書による許諾を得ずに、いかなる方法においても無断で複写、複製することは禁じられています。
- 本書へのお問い合わせについては、2ページに記載の内容をお読みください。
- 落丁・乱丁本はお取り替えいたします。03-5362-3705までご連絡ください。

ISBN 978-4-7981-6078-8　　　　　　　　　　　　　　　　　　　　　　　Printed in Japan

制作協力 株式会社トップスタジオ（https://www.topstudio.co.jp/）　＋VersaType Converter